Pythagoras' Rache

Arturo Sangalli

Pythagoras' Rache

Ein mathematischer Thriller

Aus dem Englischen übersetzt von Peter Wittmann

Spektrum
AKADEMISCHER VERLAG

Titel der Originalausgabe: Pythagoras' Revenge – A Mathematical Mystery

Aus dem Englischen übersetzt von Peter Wittmann

Bibliografische Information der Deutschen Nationalbibliothek
Die Deutsche Nationalbibliothek verzeichnet diese Publikation in der Deutschen Nationalbibliografie; detaillierte bibliografische Daten sind im Internet über http://dnb.d-nb.de abrufbar.

Springer ist ein Unternehmen von Springer Science+Business Media
springer.de

Spektrum Akademischer Verlag ist ein Imprint von Springer

10 11 12 13 14 5 4 3 2 1

Planung und Lektorat: Frank Wigger, Martina Mechler
Satz: TypoStudio Tobias Schaedla, Heidelberg
Umschlaggestaltung: wsp design Werbeagentur GmbH, Heidelberg

ISBN 978-3-8274-2547-8

Inhalt

Vorwort

Als ich dieses Buchprojekt erstmals dem Verlag Princeton University Press vorschlug, hatte ich eine ganz andere Idee im Kopf. Doch was ursprünglich als eine Betrachtung über die Macht der Zahlen und ihre Tyrannei in unserer modernen Gesellschaft gedacht war, wurde schließlich zu einer fiktionalen Erzählung – eine Metamorphose, die nur dank der enthusiastischen und unerschütterlichen Unterstützung von Vickie Kearn, meiner Lektorin bei PUP, möglich war.

Mein Plan war, mathematische Konzepte und Erkenntnisse – darunter einige recht anspruchsvolle und ins Philosophische gehende – einem größeren Publikum näher zu bringen, und dieses Ziel schien besser erreichbar, indem ich eine fiktive Geschichte auf unterhaltsame Weise erzählte.

Als ich mit der Arbeit an der Geschichte begann, wusste ich lediglich, dass ich die Figur des Pythagoras und seine Lehren einbauen wollte. Pythagoras war eine so schillernde Persönlichkeit – Philosoph und Mathematiker natürlich, aber auch religiöser Führer, Musiktheoretiker und politischer Denker, Demagoge und Wundertäter –, dass er mir als die ideale Hauptfigur für meine Erzählung erschien. Die Geschichte sollte teils auf Fakten beruhen und teils fiktiv sein, sie sollte Gegenwart und Vergangenheit, antike Vorstellungen und moderne Wissenschaft, 2500 Jahre alte Mathematik und die jüngsten Errungenschaften auf diesem Gebiet miteinander verbinden.

Pythagoras' Rache sollte alle ansprechen, die gern über Mathematik und Mathematiker lesen, vom Schüler bis zum promovierten Akademiker. Darüber hinaus hoffte ich, durch die Verknüpfung von mathematischen Ideen mit einer spannenden Handlung auch diejenigen zu erreichen, die der Mathematik sonst aus dem Weg gehen, und mir schwebte außerdem vor, sie auf diese Weise an die Schönheit und Kraft der „Königin und Dienerin der Wissenschaft", wie Eric Temple Bell die Mathematik einmal nannte, heranführen zu können.

Danksagung

Beim Schreiben dieses Buches erhielt ich fachliche Hinweise von Experten verschiedenster Disziplinen. Ihnen möchte ich meinen Dank aussprechen. Justin Croft, von Justin Croft Antiquarian Books in Faversham, England, war eine Quelle wertvoller Informationen über die Welt der Handschriften und den Handel mit antiquarischen Buchraritäten. Ted Stanley, Papierkonservator der Sondersammlungen an der Universitätsbibliothek in Princeton und Experte auf dem Gebiet der Konservierung seltener Papierobjekte, führte mich in die Besonderheiten von Papyrus ein und wies mich auf antike Techniken des Aufbewahrens und Konservierens von Papyrusrollen hin. Jerôme Morisette, Kunstkonservator am Centre de Conservation du Québec, ließ mich großzügig an seinem Expertenwissen über die Wirkung der Zeit und der unmittelbaren Umgebung auf die Struktur verschiedener Metalle teilhaben. Roberta Partridge, Buchkonservatorin am Canadian Conservation Institute, machte mich auf einige hilfreiche Artikel über die Konservierung von Büchern und Papyri aufmerksam.

Viele Personen – Kollegen, Freunde, Familienangehörige – lasen frühere Fassungen des Manuskripts, und ich habe von ihren wohlwollenden Kommentaren, taktvollen kritischen Anmerkungen und hilfreichen Vorschlägen außerordentlich profitiert. In zufälliger Reihenfolge möchte ich den folgenden Personen danken: Andrew Watson, Aubert Daigneault, Roland Omnès, Frank O'Shea, Denys Cloutier, Gilles Plantes, dem (für mich) anonymen PUP-Gutachter und meiner Schwester Natacha Sangalli, die auch die Illustrationen für das Buch angefertigt hat.

Eine besonderes *Merci!* gilt meiner Frau Francine Godbout, die mir bei der Suche nach Hintergrundinformationen half, einen Hauptort für die Handlung vorschlug, mich unterstützte, aufmunterte und all die Jahre, die das Buch bis zu seiner Fertigstellung benötigte, ertragen hat.

Ich bin ferner all jenen bei Princeton University Press zu Dank verpflichtet, die mit der Erstellung des Buches zu tun hatten, ganz besonders Vickie Kearn, die den Kurs für das Projekt festlegte und es, das Ruder die ganze Zeit über fest in der Hand haltend, unermüdlich bis zu seinem erfolgreichen Abschluss gesteuert hat.

Liste der Hauptpersonen

(Kapitel ihres ersten Auftretens)

Jule Davidson, Mathematiker (*1*)

Johanna Davidson, Jules Zwillingsschwester; Beraterin für Computersicherheit (*1*)

Leonard Richter alias Mr. Smith, an Rätseln interessierter Literaturkritiker (*1*)

Elmer Galway, Professor für Alte Geschichte am Oriel-College in Oxford (*2*)

Bradley Johnston, Professor für Philosophiegeschichte am Oriel-College und ehemaliger Student von Elmer Galway (*2*)

Irena Montryan, stellvertretende Kuratorin am Royal Ontario Museum of Science (*2*)

John Galway, Elmers älterer Bruder; Edelsteinhändler (*4*)

David Green, Buchantiquar (*4*)

Alfonso Lopez de Burgos, spanischer Geschäftsmann (*5*)

Lysis von Tarent, Schüler Pythagoras' (*8*)

Norton Thorp, international anerkannter Mathematiker (*9*)

Therese Thorp, Nortons Tante und Ersatzmutter (*9*)

Morris Pringley, enger Freund von Therese; Anwalt (*9*)

Andrew (Andy) Stone, Professor für Computerwissenschaft im Ruhestand (*10*)

Gregory Trench, Arzt und Mitglied des „Leuchtturms", einer esoterischen Sekte (*14*)

Rocky, Ex-Knacki; Bekannter von Trench (*15*)

Houdini, Computergenie, das gelegentlich für Trench arbeitet (*15*)

Laura Hirsch, Professorin für Altertumswissenschaft; schreibt ein Buch über Pythagoras (*16*)

Prolog

Pythagoras von Samos, der erste Mensch, der sich selbst als Philosophen – wörtlich „Weisheitsliebender" – bezeichnete, war eine herausragende Figur der griechischen Antike. Als brillanter Mathematiker und mystischer Denker, geistiger Lehrer und politischer Denker verkörpert er den Intellektualismus, der später das Denken im klassischen Griechenland prägen sollte. Die größten griechischen Denker, von Aristoteles bis Proklos, stimmen alle darin überein, dass er es war, der die Mathematik in den Rang einer Wissenschaft erhoben hat.

Andere, eher dunkle und weniger gut bekannte Seiten seiner Persönlichkeit werfen gewisse Fragen hinsichtlich seines wahren Charakters auf, etwa sein Glaube an die Seelenwanderung von Menschen zu Tieren, sein Anspruch auf Göttlichkeit oder seine angebliche Erinnerung an frühere Leben.

Pythagoras wurde um 570 vor Christus auf der Ägäis-Insel Samos geboren. Als junger Mann reiste er nach Ägypten, wo er von den Priestern des menschenköpfigen Gottes Amun von Theben, dessen Heimattempel sich in Karnak befand, unterrichtet wurde. Es heißt von ihm auch, dass er die Gymnosophisten, die „nackten Philosophen" Indiens getroffen habe, bevor er nach Babylonien ging, um Astronomie, Mathematik und Astrologie zu studieren und zu lehren.

Im Alter von ungefähr vierzig Jahren verließ er Samos, um der Herrschaft des Tyrannen Polykrates zu entfliehen, und ging nach *Magna Graecia* oder Großgriechenland, wie die Gegend um einige griechische Städte an der Ostküste Süditaliens genannt wurde. Dort ließ er sich in der Stadt Kroton nieder, wo er eine asketische und verschwiegene Sekte gründete. Die Bruderschaft, wie deren Anhänger sie nannten, war sowohl eine religiöse Gemeinschaft als auch eine wissenschaftliche Schule, die sich der Erforschung des Rätsels der Zahl als „Quelle und Prinzip aller Dinge" widmete.

Für die Pythagoreer war „Zahl" ein stoffliches Prinzip, dessen Natur es zu entdecken galt. Ihr Studium der Zahl war in vier Zweige gegliedert: Arithmetik, Zahl an sich; Geometrie, Zahl im Raum; Musik oder Harmonielehre, Zahl in der Zeit; und Astronomie, Zahl in Raum und Zeit. Sie glaubten, dass man ausschließlich über Zahlen zu einem Verständnis der Dinge gelangen könnte und dass die Zahl sich nicht nur in allen Erscheinungen der Natur manifestierte, sondern genauso in den Werken der Kunst und der Musik.

Die Musik war von zentraler Bedeutung in der pythagoreischen Lehre. Pythagoras' Entdeckung, dass harmonische Klänge mit einfachen Zahlenverhältnissen korrespondieren, brachten ihn darauf, diese Beziehung auf die Ordnung des gesamten Universums auszuweiten und zu erklären, dass „der ganze Himmel oder das sichtbare Universum Harmonie oder Zahl ist." Er linderte die Leiden der Seele und des Körpers durch das Spiel auf der Lyra, indem er bestimmte Rhythmen auf dem Instrument anschlug und selbst komponierte Lieder sang.

Pythagoras lehrte die Unsterblichkeit der Seele und dass sie nach dem Tod in einem anderen belebten Körper wiedergeboren würde; aus diesem Grund sollten alle Lebewesen als einer großen Familie zugehörig betrachtet werden. Er unterrichtete außerdem, dass sich Ereignisse in vorherbestimmten Zeitabständen wiederholen würden, so dass nichts völlig neu sei. Und er gab seine Überzeugung weiter, dass der Mensch ein Mikrokosmos sei, der alle Bestandteile, die das Universum bestimmen, im Kleinen widerspiegelt. Er verwendete als Erster den Begriff *Kosmos* (wörtlich „geordnete Welt") für das Universum. *Kosmos* bedeutet aber auch „Schmuck", sodass nach Pythagoras die Welt mit Ordnung geschmückt ist.

Das Meiste, was wir über Pythagoras wissen, ist von einer Aura des Geheimnisvollen umgeben, eine Mischung aus Tatsachen und Legenden, überliefert vor allem durch die nach seiner Zeit entstandenen Werke griechischer Geschichtsschreiber, denn die frühesten und verlässlichsten Berichte sind größtenteils verloren gegangen. Die verschiedenen Quellen stimmen oft nicht überein, und manchmal stehen sie sogar im offenen Widerspruch zueinander, zum Beispiel was seinen Tod betrifft: Manche sagen, er sei bei einem Feuer in Kroton umgekommen, andere berichten, dass er das Feuer überlebt hätte und nach Metapont geflohen sei, wo er an Altersschwäche starb; wieder einer anderen Version zufolge wurde er von einer aufgebrachten Menge gemeuchelt. In einem Punkt jedoch stimmen alle früheren und heutigen Historiker überein: Pythagoras hinterließ keine Schriften.

Was aber, wenn doch? Was, wenn er ein Manuskript hinterlassen hätte, so gut versteckt, dass es nie gefunden wurde? Dann würde eine Flut von Fragen auf uns hereinstürzen: Was stand in diesem Manuskript? Warum schrieb er es? Und aus welchem Grund traf er solche außergewöhnlichen Vorkehrungen, um es über die Zeit zu bewahren?

Teil I

Eine Zeitkapsel?

1
Das Fünfzehn-Puzzle

„Kennen Sie das Fünfzehn-Puzzle?, fragte der Mann, der sich nur als „Mr. Smith“ vorgestellt hatte. Jule verneinte. „Es wurde um 1870 von Sam Loyd erfunden“, fuhr der Mann fort, „einem der bekanntesten Spiele-Erfinder und Rätselspezialisten Amerikas, dessen Puzzle in der letzten Zeit wieder sehr populär geworden ist, populärer noch als der Zauberwürfel, den Rubik ein Jahrhundert später erfand.“

Jule erinnerte sich an die Faszination, die Rubiks Würfel auf ihn ausgeübt hatte, als er ein Teenager war. Stundenlang hatte er die sechsundzwanzig leuchtend bunten Würfelchen gedreht, um die knifflige Lösung zu finden, die darin bestand, dass jede der sechs Seiten des Würfels eine einheitliche Farbe zeigte. Und er erinnerte sich an sein Staunen über die große Zahl möglicher Anordnungen. Seine Zwillingsschwester Johanna glaubte damals, es gebe unendlich viele Möglichkeiten, und war deshalb überzeugt, dass es unmöglich sei, die einmal in Unordnung gebrachten Würfelchen wieder in ihre ursprüngliche Position zu bekommen. Jule wusste, dass beides nicht stimmte, konnte es allerdings damals nicht beweisen. Erst viele Jahre später, als er das Spiel und seine magische Anziehungskraft längst vergessen hatte, war er zufällig in einem der vielen mathematischen Artikel, die sich mit Rubiks Erfindung beschäftigten, auf die Lösung gestoßen. „Es gibt nicht unendlich viele, sondern genau 43 252 003 274 489 856 000 verschiedene Konstellationen des Würfels", ließ er Johanna mit einem Gefühl des Triumphs wissen. Seine Schwester gab sich jedoch nicht völlig geschlagen. „Mag sein", sagte Johanna, nachdem sie einen Moment überlegt hatte, „aber eine so große Zahl ist *so gut wie* unendlich."

Der Mann kramte in einer seiner Taschen und holte ein kleines hölzernes Quadrat mit Zahlen darauf hervor. Der Gegenstand kam Jule irgendwie bekannt vor, aber er konnte nicht genau sagen, was es war. Tatsächlich handelte es sich um einen Rahmen, in dem sich kleinere, gleich große Quadrate befanden, die von eins bis fünfzehn durchnummeriert waren. Die Quadrate waren in Viererreihen angeordnet, von links oben in aufsteigender Reihenfolge, allerdings waren zwei Quadrate, die 14 und die 15, gegeneinander vertauscht, und in der rechten unteren Ecke befand sich ein freies Feld. „Das Ziel des Spiels besteht darin, die Zahlen in eine aufsteigende Reihenfolge von eins bis fünfzehn zu bringen, indem man die kleinen Quadrate eins nach dem anderen nach oben, unten, rechts oder links in das jeweils freie Feld bewegt", erklärte der Mann.

Jule glaubte zu wissen, was als Nächstes kommen würde, doch der Mann steckte das Spiel in seine Tasche zurück. Falls er die Absicht hatte, Jule mit dem Spiel herauszufordern, so wollte er damit offenbar noch warten. Wie dem auch sei, Jule war davon überzeugt, dass er früher oder später einer Art Test unterzogen würde. Das schloss er aus den Umständen, die zu seiner Anwesenheit in

Mr. Smiths (oder welches immer sein richtiger Name war) stattlichem zweistöckigen Haus in Highland Park geführt hatten, einem wohlhabenden, von geschwungenen Alleen durchzogenen, locker bebauten Vorort Chicagos, rund zwanzig Meilen vom Stadtzentrum entfernt.

Mit seinen vierunddreißig Jahren hatte Jule Davidson die Hoffnung so gut wie aufgegeben, jemals ein berühmter Mathematiker zu werden. Er war klein gewachsen, von athletischer Statur und lässigem Auftreten. Trotz seiner hohen Stirn und seines schütteren kastanienbraunen Haares hielt er sich für einen gut aussehenden Mann, was er mit seinen großen grünen Augen und seiner wohlproportionierten Nase durchaus auch war. Oberflächlich betrachtet, schien er recht zufrieden mit seinem Beruf als Dozent am Mathematischen Institut der Indiana State University in Terre Haute zu sein. Doch gegenüber seinen engsten Freunden würde er eine wachsende Unzufriedenheit mit seinem akademischen Leben eingestanden haben, welches ihm mit seinen jährlich wiederkehrenden Vorlesungen, Besprechungen, Prüfungen und Abschlussfeiern etwas zu bequem und vorhersagbar geworden war.

Insgeheim beneidete Jule seine Zwillingsschwester. Johanna arbeitete freiberuflich als Beraterin für Computersicherheit und unternahm häufig kurze Reisen nach London, Athen oder Bangkok, um irgendwelchen Unternehmen dabei zu helfen, den nächsten elektronischen Eindringlingen zwei Schritte voraus zu sein. Und wann immer es ein Hacker schaffte, an sensible Daten heranzukommen, oder der neueste Computervirus das System eines ihrer Kunden lahm legte, war es an Johanna, das Problem zu beheben, welches im Unterschied zu seinen Seminaren über Gruppentheorie oder nichteuklidische Geometrie niemals dasselbe war. Er wünschte sich, dass sein mathematisches Talent und sein logischer Verstand ebenfalls vor neue Herausforderungen gestellt würden. In den Tagträumen seiner Jugend hatte er sich oft als Held einer fantastischen Reise oder eines Abenteuers von der Art gesehen, wie sie Jules Verne erfand und die der berühmte französische Schriftsteller in seinen Romanen so lebendig schilderte und dabei viele technische Wunderwerke des zwanzigsten Jahrhunderts, vom Unterseeboot bis zum Raumschiff, prophetisch vorwegnahm.

Eigentlich hieß Davidson mit Vornamen Jules, nach dem berühmten Autor – „einem literarischen Genie und wissenschaftlichen Visionär", wie seine Mutter fand. Später jedoch tilgte er das „s", da es, obwohl im Französischen nicht gesprochen, von den meisten doch betont wurde, mit dem Ergebnis, dass sie seinen Namen verfälschten.

Eines Abends, als er canyousolveit.com, eine Internetseite mit mathematischen Rätseln, besuchte, weckte eine zweiteilige Frage zur Wahrscheinlichkeit seine Aufmerksamkeit, vielleicht weil sie ihn an ein ähnliches Problem aus seiner Studentenzeit an der University of New Hampshire erinnerte: *Eine Gruppe von zwölf Baseballspielern verstaut ihre Kappen in einer Tasche. Nachdem die Kappen gut durcheinander gemischt wurden, greift jeder der Spieler eine Kappe nach dem Zufallsprinzip heraus. 1) Berechne die Wahrscheinlichkeit, dass keiner der Spieler seine eigene Kappe herausgreift. 2) Wie groß ist die Wahrscheinlichkeit, wenn die Gruppe aus unendlich vielen Spielern besteht?*

Nicht ohne Mühe hatte Jule die Antwort gefunden, die er für die richtige hielt.[1] Für den ersten Teil der Frage war er auf einen Wert von 0,3679 oder 36,79 Prozent Wahrscheinlichkeit gekommen, dass keiner der zwölf Spieler seine eigene Kappe herausgreifen würde. Um den zweiten Teil der Frage zu beantworten, musste er den Grenzwert der Wahrscheinlichkeit finden, wenn die Zahl der Spieler unendlich groß angenommen wurde. Auch wenn es merkwürdig erscheinen mag, die Wahrscheinlichkeit blieb unabhängig von der Zahl der Spieler praktisch dieselbe. (Für ganz wenige Spieler trifft das allerdings nicht zu; geht man zum Beispiel von nur zwei oder drei Spielern aus, so betragen die Wahrscheinlichkeiten 0,5 bzw. ⅓, wie eine einfache Rechnung zeigt.) Jule hatte die Wahrscheinlichkeit, dass keiner der unendlich vielen Spieler seine eigene Mütze herausgreifen würde, auf genau $1/e$ oder 0,367879441... berechnet.

[1] Hinweise zur Lösung siehe Anhang 1

Das *e* in der Antwort bezeichnet eine Zahl von zentraler Bedeutung in der Mathematik, eine Art Universalkonstante. Sie ist definiert als Grenzwert der Folge $(1 + 1/n)^n$, wenn n gegen unendlich geht, ist aber besser bekannt als die Basis der natürlichen Logarithmen. Ihr Wert ist 2,7182 ... (eine unendliche Reihe von Nachkommastellen folgt). Sie erscheint in einer Vielzahl von Zusammenhängen in der reinen Mathematik wie auch ihren Anwendungen auf konkrete Alltagsfragen, von der Theorie der komplexen Zahlen und Differenzialgleichungen bis zu Modellen des Bevölkerungswachstums, der Anordnung der Samen in einer Sonnenblume oder den Wahrscheinlichkeiten im Zusammenhang mit Baseballspielern, die ihre Kappen tauschen. Ein weiteres Beispiel liefert die Zinsrechnung: Legt man einen US-Dollar zu einem Zinssatz von jährlich einhundert Prozent an, wobei die Zinsen stündlich aufgeschlagen werden, so wird der Betrag auf dem Konto nach einem Jahr annähernd auf den Wert von *e* – also 2,72 Dollar –, auf den Cent gerundet, angewachsen sein, und er wird exakt den Wert von *e* erreichen, wenn die Zinsen „kontinuierlich" aufgeschlagen werden.

Nachdem Jule auf den Antwort-Button geklickt hatte, um seine Lösungen zu überprüfen, wurde er aufgefordert, diese in eine Box einzugeben. Er war der Anweisung gefolgt, und der Bildschirm hatte mit einer Nachricht geantwortet: *Sie haben den ersten Test bestanden, möchten Sie jetzt fortfahren? Der Preis ist die Gelegenheit, zur Lösung eines 2500 Jahre alten Rätsels beizutragen.*

Jule hatte drei Tage gebraucht, um vier weitere Probleme zu lösen und eine Reihe von kurzen, nichtmathematischen Fragen zu beantworten, wie *Was haben die Begriffe „live", „record" und „load" gemeinsam?* oder *Schätze die (durchschnittliche) Zahl von Wörtern, die ein amerikanischer Mann in seinem Leben benutzt, angenommen, er wird 78 Jahre alt.* Nachdem er die letzte Aufgabe, ein teuflisches mathematisches Rätsel, gelöst hatte, füllte die Darstellung eines Feuerwerks den Bildschirm und es erschien eine Nachricht: *Glückwunsch! Sie könnten die Person sein, nach der wir suchen. Wenn Sie weiter interessiert sind, senden Sie bitte Ihren Lebenslauf an ...*

Jule hatte sein Curriculum vitae tags darauf per E-Mail geschickt. Obwohl er die Befürchtung hatte, dadurch zur Zielscheibe zahlloser Spam-Mails zu werden, schien ihm die Möglichkeit, dass sich in seinem Leben etwas ändern könnte, das Risiko wert zu sein.

Eine Woche später, Anfang Januar 1998, traf er nach anstrengender sechsstündiger Autofahrt von Terre Haute ans Ufer des Michigan-Sees nachmittags um zwei Uhr bei der Adresse ein, die ihm zusammen mit der Einladung zu einem Gespräch zugeschickt worden war. Ein großer hagerer Mann Mitte fünfzig mit stechenden braunen Augen und silbrigem Haar öffnete die Tür und begrüßte ihn mit einem Lächeln. „Mister Davidson? Bitte treten Sie ein." Der Mann war überaus korrekt gekleidet, er trug einen klassischen blauen Blazer, weißes Hemd, graue Hosen sowie eine Fliege, die zum Rest nicht so recht passen wollte.

Ungefähr eine Stunde lang wurde Jule ausführlich nach seiner Vergangenheit, seiner Karriere, nach Freunden, Hobbys und besonders nach seinen Motiven, die geheimnisvolle Internetnachricht zu beantworten, befragt. Und dann, als wäre die Befragung in eine neue Phase eingetreten, hatte der Mann das Fünfzehn-Puzzle erwähnt und ihm das kleine quadratische Brett gezeigt, auf dem es gespielt wurde.

„Dieses Puzzle hat eine interessante Geschichte", sagte der Mann und griff nach einem Buch mit abgenutztem Umschlag, das auf einem niedrigen Tisch lag. Jule beobachtete die präzisen Bewegungen der gepflegten Hände, und ihm fiel der silberne Ring mit einem geschliffenen weißen Stein auf, den der Mann am Mittelfinger seiner linken Hand trug. Wenige Wochen später sollte Jule auf die symbolische Bedeutung dieses Rings stoßen.

„Möchten Sie die Geschichte hören?", fragte der Mann und begann, ohne die Antwort abzuwarten, mit theatralischem Tonfall laut vorzulesen. „In den späten 1870er Jahren tauchte das Fünfzehn-Puzzle in den Vereinigten Staaten auf; es verbreitete sich rasch, und wegen der unzähligen Spieler, die dem Puzzle verfielen, wurde es zu einer regelrechten Plage. Dasselbe war auf der anderen Seite des Ozeans, in Europa, zu beobachten. Hier konnte man sogar Fahrgäste von Pferde-Straßenbahnen sehen, die das Spiel in ihren Händen hielten. Die Angestellten von Büros und Geschäften wurden zum großen Ärger ihrer Vorgesetzten während der Arbeits- und Öffnungszeiten vollständig von dem Spiel gefangen genommen. In Paris wurde das Spiel unter freiem Himmel, auf den Boulevards, gespielt, und von der Hauptstadt breitete es sich rasch in die Provinz aus. Ein zeitgenössischer französischer Autor schrieb: ‚Es gab kaum ein Bauernhaus, in dem diese Spinne nicht ihr Netz gespannt hatte und auf Opfer wartete, die sich in ihren Fäden verfingen'."

Der Mann machte eine kurze Pause und warf Jule einen Blick zu, als wollte er sich davon überzeugen, dass seine Geschichte die beabsichtigte Wirkung erzielte. „Im Jahr 1880", fuhr er fort, „schien das Puzzlefieber seinen Höhepunkt erreicht zu haben. Der Erfinder des Spiels machte dem Herausgeber einer New Yorker Zeitung den Vorschlag, eine Prämie von tausend Dollar für die richtige Lösung auszuschreiben. Der Herausgeber zögerte, woraufhin der Erfinder anbot, das Preisgeld aus eigener Tasche zu bezahlen. Der Erfinder war Sam Loyd. Er hatte sich einen Namen als Autor unterhaltsamer Rätsel und einer Vielzahl von Geduldspielen gemacht. Die tausend Dollar Preisgeld für die erste richtige Lösung blieben unangetastet, obwohl jedermann fleißig daran arbeitete. Man erzählte sich lustige Geschichten von Ladenbesitzern, die über dem Spiel vergaßen, ihr Geschäft zu öffnen, von pflichtbewussten Beamten, die die Nacht über unter einer Straßenlaterne standen und das Problem zu lösen versuchten. Keiner wollte sich geschlagen geben, denn alle waren davon überzeugt, dass sie es früher oder später schaffen würden. Es hieß, dass Seeleute ihre Schiffe auf Grund laufen ließen, Lokführer ihre Züge an Bahnhöfen nicht anhielten und Landwirte das Pflügen vernachlässigten."

An dieser Stelle hörte der Mann auf zu lesen und klappte das Buch zu. „Wissen Sie, wie die Geschichte endet?", fragte er Jule und sah ihm dabei in die Augen. „Ich habe keine Ahnung", antwortete Jule, ohne zu zögern. „Gut", sagte der Mann sichtlich erleichtert. „Dann können wir fortfahren. Bitte folgen Sie mir."

Sie traten in einen großen Raum, der fast vollständig mit Büchern angefüllt war. Die meisten waren in Bücherregalen verstaut, die drei der vier Wände verdeckten, eine Menge anderer lagen auf einem großen Tisch oder türmten sich auf dem Fußboden in wackligen Stapeln von unterschiedlicher Höhe. Der Mann führte Jule zu einem Computerarbeitsplatz zu ihrer Linken und bedeutete ihm mit einer Geste, er möge sich setzen. Dann fragte er: „Wie wäre es mit einem Fünfzehner-Spielchen, Mr. Davidson?" Jules Einverständnis voraussetzend, begann der Mann die Regeln zu erklären. „Es ist ein virtuelles Spielfeld, wie sie sicher schon erraten haben." Er drückte einige Tasten, und die Ausgangsposition des Puzzles erschien auf dem Bildschirm. „Die nummerierten Quadrate lassen sich mit dem Cursor bewegen, natürlich nur in den erlaubten Schritten. Sie haben genau 60 Minuten, um das Puzzle zu lösen. Überflüssig zu sagen, dass mein Interesse an Ihren Diensten ganz wesentlich vom Ergebnis des Spiels abhängen wird." Er wartete auf eine Reaktion von Jule, die jedoch ausblieb. „Wollen Sie noch etwas wissen?", fragte er nach einigen Augenblicken.

Die Aufgabe vor Augen erinnerte Jule sich daran, wie es ihm trotz aller Anstrengungen nie gelungen war, die Lösung von Rubiks Zauberwürfel zu finden. Doch das war in seiner Jugend, und dies hier war eine andere Geschichte – und ein anderes Spiel. Während seine Gedanken zurück zu Rubiks dreidimensionalem Puzzle schweiften, fiel ihm ein, gelesen zu haben, dass jemand aus Vietnam den Weltrekord hielt – er brauchte weniger als dreißig Sekunden, um den in Unordnung gebrachten Würfel wieder in die korrekte Konstellation zu bringen. Er hatte nicht glauben können, dass das möglich war. Und doch wusste man von genauso unglaublichen Kunststücken sogenannter Rechenkünstler, die in der Lage sind, komplizierte arithmetische Operationen blitzschnell im Kopf auszuführen, obwohl sie nur durchschnittlich intelligent sind. Einer von diesen Rechenkünstlern, ein gewisser Jacques Inaudi, 1867 in Italien geboren, wurde im Alter von 25 Jahren von dem Mathematiker Gaston Darboux der Französischen Akademie der Wissenschaften präsentiert. Dort wurden ihm Fragen gestellt wie: Auf welchen Wochentag fiel der 4. März 1822? Wenn die dritte Potenz plus das Quadrat einer Zahl 3600 ergibt, um welche Zahl handelt es sich dann? Subtrahiere 1 248 126 138 234 128 010 von 4 123 547 238 445 523 831. Auf solche und ähnliche Fragen hatte er in weniger als 35 Sekunden die richtigen Antworten parat gehabt.

Jule fragte sich, wie lange Inaudi wohl für die Lösung des Fünfzehn-Puzzles gebraucht hätte. Er wollte sich nach der schnellsten Zeit erkundigen, in der es jemand geschafft hatte. Doch der Mann war bereits gegangen und der Monitor informierte ihn, dass das Spiel in 25 Sekunden beginnen würde, ... 24, ... 23, ...

2
Das unmögliche Manuskript

„Ich fürchte, das wird nicht möglich sein“, erwiderte Johnston trocken. Das war nicht die Antwort, die Irena hören wollte. Sie war in der Erwartung nach Oxford gereist, Dr. Elmer J. Galway, Professor für Alte Geschichte und Experte für vorsokratische Philosophie, zu sehen. Doch statt den berühmten Gelehrten zu treffen, sprach sie nun mit Bradley Johnston, einem jungen Wissenschaftler, der sich alle Mühe gab, ihren Wünschen gerecht zu werden, bisher jedoch mit geringem Erfolg.

Professor Galway hatte ihren Termin im letzten Augenblick abgesagt und seinen Kollegen und ehemaligen Studenten gebeten, sich um den Besucher aus Übersee zu kümmern. „Eine Miss Monyan oder Morian“, hatte er Johnston am Telefon informiert und hinzugefügt, sie arbeite für irgendein Museum in Nordamerika. Weitere Erklärungen hatte er nicht gegeben. Es war früh morgens an einem Dienstag im November 1997, als Johnston den Anruf erhielt, und das Treffen wurde für zwei Uhr am Nachmittag desselben Tages vereinbart. Er konnte Elmer diesen Gefallen nicht ausschlagen, auch wenn er dafür das Kricket-Training ausfallen lassen musste.

„Bradley Johnston“, stellte er sich vor, „Sie müssen Miss Morian sein.“ „Montryan“, korrigierte sie ihn, „Irena Montryan. Erfreut, Sie zu sehen. Ich bin mit Professor Galway verabredet.“ Johnston entschuldigte sich im Namen von Elmer für dessen kurzfristige Absage und begleitete sie zu seinem Büro, das sich in einem der oberen Stockwerke befand. Er hatte nicht erwartet, eine so junge Frau anzutreffen, vielleicht, weil sein Unterbewusstsein „Museum“ mit „alt“ assoziiert hatte. Ihr Akzent war eindeutig nicht britisch, so viel stand für ihn fest.

„Sind Sie Amerikanerin?“, fragte er sie im Fahrstuhl. „Kanadierin“, verbesserte sie ihn zum zweiten Mal. „Aber mein Vater war Amerikaner, aus Minnesota. Er ist nach dem Krieg nach Kanada ausgewandert.“ „Der *Zweite* Weltkrieg, nehme ich an“, sagte Johnston und wagte ein Lächeln. „Natürlich!“, rief sie und lächelte zurück. „Wie alt, glauben Sie, bin ich?“ Beide lachten, als sich die Fahrstuhltür im vierten Stock öffnete.

Sie betraten Johnstons Büro, einen kleinen Raum mit einem einzelnen großen Fenster, durch das man in einen zentralen Innenhof blickte, der „das Viereck“ genannt wurde. Oriel, gegründet 1326, ist eines von Oxfords ältesten Colleges. Von der ursprünglichen Bausubstanz ist nichts mehr erhalten; ein großes Haus, bekannt als „La Oriole“, war abgerissen worden, als die vier Gebäude, die den Kolleghof umschließen, im siebzehnten Jahrhundert erbaut wurden. Um die wachsende Zahl von Studenten unterbringen zu können, wurden ein Jahrhundert später zwei weitere Gebäudeblöcke hinzugefügt. Die Zeit hatte kaum Spuren an deren strengem Äußeren hinterlassen, während im Innern umfangreiche Umbauten vorgenommen wurden, um Platz für zusätzliche Büros und Seminarräume sowie einige moderne Annehmlichkeiten zu schaffen. In den

1980er Jahren wurde einer der westlichen Flügel um ein viertes Stockwerk erweitert und ein Aufzug eingebaut. Hier befand sich Johnstons Büro.

Er bot ihr Tee an, den sie jedoch ablehnte, und verzichtete darauf, eine Tasse für sich allein zuzubereiten. Es war an der Zeit, zur Sache zu kommen. „Was genau ist der Grund, aus dem Sie Professor Galway sprechen wollten, Miss Montryan?“, fragte Johnston.

„Ich arbeite als stellvertretende Kuratorin für das Royal Ontario Museum of Science in Toronto“, begann sie. „Wie Sie vielleicht wissen, hat die UNESCO das Jahr 2000 zum weltweiten Jahr der Mathematik ausgerufen.“ Er wusste es nicht, behielt es aber für sich. „Das ROMS bereitet derzeit eine Ausstellung zur Geschichte der Mathematik vor“, sagte sie weiter. „Eines der Hauptthemen wird die Mathematik der Griechen und hauptsächlich der Pythagoreer sein, denn die Mathematik als Wissenschaft wurde ja mit der pythagoreischen Schule geboren. Deshalb planen wir unsere Werbekampagne rund um die Figur des Pythagoras als Symbol und Archetyp des Philosophen und Mathematikers im Altertum.“

„Ich verstehe ... eine Art Pythagoras Superstar, der die Massen anziehen soll.“

„Genau das ist die Idee. Wir setzen auf Pythagoras, um die Ausstellung einem großen Publikum schmackhaft zu machen. Wer kennt nicht den Satz des Pythagoras?“

„In der Tat. Und weil Elmer, ich meine, Professor Galway, einer der führenden Experten für das vorklassische Griechenland ist ...“

Sie beendete den Satz für ihn: „... bin ich gekommen, um ihn um einige Informationen zu bitten. Sie liegen auch diesmal richtig, Dr. Johnston.“

„Bitte sagen Sie doch Brad. In der Tat, Irena ... darf ich Sie Irena nennen?“ Sie nickte. „In der Tat, es ist durchaus möglich, dass ich Ihnen helfen kann. Ich habe meine Doktorarbeit über Aristoteles geschrieben, dessen Abhandlungen als verlässlichste Quelle des Pythagoreismus gelten, vor allem seine *Metaphysik* und seine Monographie *Über die Pythagoreer*, von der leider nur wenige Fragmente überliefert sind.“ Er kam allmählich in Fahrt. Die Aussicht, mit einer aufmerksamen und attraktiven jungen Frau über seine Arbeit zu sprechen, wirkte stimulierend auf ihn, und er bedauerte es nicht länger, sein Kricket-Training verpasst zu haben.

Seine Begeisterung erhielt jedoch rasch einen Dämpfer. „Ehrlich gesagt, Brad, bin ich nicht hierher gekommen, um mir eine Vorlesung über die Pythagoreer und deren mathematische Theorien anzuhören – das Museum hat dafür seine eigenen Experten. Ich hatte gehofft, Professor Galway könnte mir helfen, einige Artefakte, Manuskripte vielleicht, aus Pythagoras' Zeit zu finden. In unserer Ausstellung wollen wir vor allem Objekte zeigen, und ich dachte, es wäre fantastisch, wenn wir eine mathematische Originalhandschrift aus dem alten Griechenland präsentieren könnten, vielleicht sogar eine aus Pythagoras' eigener Feder. Sie wäre das Herzstück unserer Ausstellung.“

„Ich fürchte, das wird nicht möglich sein“, lautete Johnstons knappe Antwort. Sie bemerkte, dass seine Stimmung umschlug. „Warum das?“, fragte sie und hob zum ersten Mal ihre Stimme. „Vor allem“, begann Johnston in gesetzten Worten zu erklären, „weil das Anfertigen von Schriften streng verboten war. Die Pythagoreer lebten in einer Art Bruderschaft oder Sekte, die sich dem Studium der Zahlen widmete, von denen sie glaubten, dass in ihnen der Schlüssel zur Erklärung des Universums und seiner Geheimnisse lag. Ihre Erkenntnisse galten als heilig und wurden mündlich an andere Mitglieder der Gruppe weitergegeben, unter dem Eid der Verschwiegenheit. Nur als um 450 vor Christus die wenigen überlebenden Pythagoreer aus dem südlichen Italien vertrieben wurden, hielten sie einen Teil ihres Wissens schriftlich fest, wie aus sicheren Quellen bekannt ist. Pythagoras selbst hinterließ keinerlei Schriften. In diesem Punkt sind sich die Experten einig.“ Dann versetzte er ihrer Hoffnung den letzten Stoß. „Und selbst wenn die Fachleute sich irren und Pythagoras doch einige seiner Lehren niedergeschrieben hat, so ist die Wahrscheinlichkeit, dass ein solches Dokument, höchstwahrscheinlich eine Papyrusrolle, 2500 Jahre überdauert hat, praktisch gleich null.“

„Was ist mit den Schriftrollen vom Roten Meer, die 1947 entdeckt wurden?“ So leicht würde sie nicht aufgeben. „Die stammen aus dem zweiten Jahrhundert vor Christus, sind also fast 2200 Jahre alt.“ Er überlegte einen Augenblick, bevor er antwortete. „Über das genaue Alter dieser Rollen wird immer noch gestritten“, sagte er schließlich. „Radiokarbon-Datierungen ergaben, dass sie aus dem Jahr 68 unserer Zeitrechnung stammen, was bedeuten würde, dass sie weniger als zweitausend Jahre alt sind. Außerdem waren diese Schriftrollen außerordentlich gut geschützt, in Stoff eingewickelt wurden sie in Tongefäßen aufbewahrt, deren obere Öffnungen fest verschlossen und verschnürt waren. Obendrein, wenn Sie mir das Wortspiel gestatten“, er begann es zu genießen, herausgefordert zu werden, „reden wir hier über einen Ort in der judäischen Wüste, wo es extrem trocken und heiß ist, also ideale Erhaltungsbedingungen herrschen.“

„Woher weiß er, dass die Pythagoreer nicht ebenfalls außergewöhnliche Vorkehrungen getroffen hatten, um ihre Schriften zu bewahren?", dachte sie, doch statt ihm diese Frage zu stellen, versuchte sie es mit einem anderen Ansatz. „Sie sagen, es gäbe fast keine Chance, dass sehr alte Manuskripte die Zeit überdauert haben. Woher haben Sie dann all das gelernt, was Sie über Aristoteles und seine Philosophie wissen?" Es war eine einfache Frage, die ihn dennoch irritierte. „Wo ich das gelernt habe? Nun also ... aus Büchern, Aufsätzen, Vorlesungen, aus Berichten von Gelehrten, Doktorarbeiten, Diskussionen mit anderen Experten und dergleichen. Die Masse an Wissen über die Antike ist wirklich beeindruckend, wissen Sie." „Ich verstehe", sagte sie, nicht wirklich überzeugt. „Und woher haben die Verfasser dieser gelehrten Aufsätze und Bücher *ihr* Wissen? Aus anderen Büchern?" Ihm wurde klar, worauf sie hinauswollte.

„Was Sie wirklich interessiert, ist, wie alles angefangen hat, nicht wahr? Was ist die Quelle, wenn es nirgendwo mehr Originale gibt?"

„Stimmt genau." Sie lächelte und genoss es, ihn in der Defensive zu sehen.

„Es ist richtig, dass keines von Aristoteles' Originalwerken erhalten geblieben ist", sagte er, „aber es gibt Abschriften, oder vielmehr Abschriften von Abschriften. Nehmen Sie zum Beispiel Aristoteles' *Physik*." Er stand auf, griff ein Buch aus einem der Regale, die zwei Wände seines Büros einnahmen, und ging zu seinem Stuhl zurück.

„Das ist die englische Übersetzung der ersten beiden Bände der *Physik*, angefertigt von einem hoch angesehenen Philologen", sagte er, das Buch in einer Hand haltend, „es handelt sich jedoch keineswegs um eine Übersetzung des von Aristoteles selbst verfassten oder einem seiner Schreiber diktierten Originals.

Bevor der Autor mit der eigentlichen Übersetzung beginnen konnte, musste er einen Text herstellen, der nach bestem Wissen und Gewissen so nah wie möglich am Original lag. Dazu verwendete er die Auswertungen der noch vorhandenen Manuskripte von Aristoteles' Werken, von denen das älteste aus dem neunten Jahrhundert stammt, also mehr als zwölfhundert Jahre nach Aristoteles' Lebzeiten angefertigt wurde. Diese Quellen unterschieden sich alle voneinander und sind weit entfernt vom Original. Sie wurden von einer Vielzahl von Vorlagen, die ihrerseits verloren gegangen sind, kopiert. Und die Kopisten sind vom ursprünglichen Text abgewichen, manchmal unbeabsichtigt, manchmal mit der besten aller Absichten, nämlich um einen mutmaßlichen Fehler in der Vorlage zu korrigieren. Der auf diese Weise erstellte Text, die Rekonstruktion des betreffenden Philologen aus Kopien von Kopien, ist es, der schließlich übersetzt wird." Er hielt einen Augenblick inne, bevor er fragte: „Haben Sie das Prinzip verstanden?"

Sie nickte und antwortete: „Ja, ich verstehe, was Sie meinen."

„Das Wissen über die Antike beruht somit auf Kopien", fuhr er fort. „Die ältesten sind auf Papyrus geschrieben, von welchen Fragmente oder gelegentlich vollständige Rollen erhalten geblieben sind, geschützt durch die trockene ägyptische Erde." Er kam wieder in Schwung. „Während der Dynastie der Ptolemäer, als in Ägypten die mazedonischen Könige drei Jahrhunderte lang bis 30 vor Christus regierten, war es Brauch, menschliche Mumien in Leinenstoff und Papyrus einzuhüllen, die mit Leim verbunden und mit Gips bedeckt wurden. Nachdem man den Gips entfernt hatte, konnten die Schichten voneinander abgelöst und die verwendeten Dokumente so weit wieder hergestellt werden, dass sie mehr oder weniger lesbar waren."

Er schob seinen Stuhl nach hinten und legte die Beine übereinander, bevor er fortfuhr. „Im Jahr 1899 stieß ein Team bei Ausgrabungen auf einem ptolemäischen Friedhof in Oberägypten zufällig auf die Schrift *Athenion Politeia*, Aristoteles' Abhandlung über die Verfassung Athens, die vorher lediglich aus einigen wenigen Zitaten bekannt gewesen war. Es war eine der sensationellsten Entdeckungen jener Ausgrabung. Bei den vier Rollen, aus denen das Manuskript bestand, handelt es sich um Palimpseste, Papyri, von denen die ursprünglichen Beschriftungen – Aufzeichnungen von einem Bauernhof für die Jahre 78 und 79 nach Christus – abgeschabt und mit dem Text von Aristoteles überschrieben worden waren. Für den Großteil seiner Werke war uns dieses Glück nicht beschieden. Für diese müssen wir uns auf jüngere Abschriften aus dem Mittelalter stützen, in denen viele Fehler stecken dürften. Cicero spricht von ‚Büchern voller Lügen', dem Werk eines skrupellosen Kopisten oder dem Resultat des Einsatzes von schlecht bezahlten, ungebildeten Schreibern, die nach Diktat arbeiteten."

„Und wo werden diese Abschriften von Abschriften – ich meine also, die ältesten Fassungen – aufbewahrt?"

„Die meisten wurden von Museen und Universitäten gekauft oder diesen überlassen. Auch wir hier in Oxford haben einige, in der Bodleian Library, und Aristoteles' Verfassungsgeschichte von Athen befindet sich im Britischen Museum. Andere sind in privaten Sammlungen oder bei Händlern von seltenen Büchern und Antiquitäten in London, Berlin, Wien oder New York gelandet. Es gibt einen florierenden Markt für solche Dinge, und auf jedes echte Dokument kommt vielleicht ein halbes Dutzend Fälschungen."

Irena begann zu verstehen, wie sehr sich die Methoden der Antikenforschung von denen der Naturwissenschaften unterscheiden. Sie besaß einen Master in Biologie und hatte über die Wirkung von Schadstoffen auf die Vermehrung bei Lachsen geforscht, bevor sie zu der Bewegung „Save the Earth" stieß und für das Museum zu arbeiten begann. Naturwissenschaftler sehen sich die Fakten an und formulieren Theorien, die durch ihre Experimente entweder bestätigt oder widerlegt werden. Sie haben keine praktische Verwendung für alte Handschriften, trotz des ideellen Wertes oder der historischen Bedeutung, die diese besitzen. Altertumsforscher dagegen setzen nicht bei den Tatsachen an, sondern bei Wörtern in alten Sprachen, die sie auf Pergament- oder Papyrusfragmenten finden und die sie oft nur halb verstehen. Aus diesen spärlichen und oft widersprüchlichen oder unzuverlässigen Quellen müssen sie plausible Interpretationen und vorläufige Hypothesen zusammenfügen – Hypothesen, die sich nicht durch Experimente überprüfen lassen.

Sie schwieg eine Weile; ihr anfänglicher Enthusiasmus war so gut wie verschwunden. „Wollen Sie mir sagen", fuhr sie müde fort, „dass der Versuch, Originalschriften von Pythagoras für meine Ausstellung zu finden, Zeitverschwendung ist?" Sie tat ihm ein bisschen leid und er hatte das Bedürfnis, sie etwas aufzumuntern. „Ich kann nicht ..., ich denke, so weit ich es beurteilen kann, ja. Aber ich bin hier im Institut nicht der Experte. Ich wünschte, Professor Galway wäre hier. Ich werde mit ihm sprechen, sobald er zurück ist, und ihm die Situation erklären. Er wird sich bestimmt mit Ihnen in Verbindung setzen. Übrigens, habe ich Ihre Karte?“ Sie reichte ihm ihre Visitenkarte über den unaufgeräumten Tisch, während er sich von seinem Stuhl erhob, um sich von ihr zu verabschieden.

„Würden Sie mit mir zu Abend essen?“, fragte er beim Aufstehen. „Es gibt ein vorzügliches italienisches Restaurant fünf Minuten von hier, oder wir könnten in einen Pub gehen und die lokale Küche ausprobieren.“ „Es tut mir leid, aber ich kann nicht bleiben. Ich werde gleich zurück nach London fahren, ich habe dort schon eine Verabredung zum Abendessen.“

„Ach so, ich verstehe“, sagte er und gab sich Mühe, seine Enttäuschung nicht zu deutlich zu zeigen. Er begleitete sie zu ihrem Mietauto, einem nagelneuen roten Kleinwagen. „Gute Reise, und denken Sie immer daran, auf der linken Seite der Straße zu fahren“, sagte er mit einem Lächeln. Sie schüttelten sich die Hände und fast entschuldigend fügte er hinzu: „Ich wünschte, ich hätte mehr für Sie tun können.“ „Wer weiß?“, antwortete sie mit fröhlicher Stimme, „vielleicht hat sich irgendein mysteriöser Sammler einige kostbare Handschriften unter den Nagel gerissen, von denen noch niemand etwas gehört hat.“ Auch sie wollte zum Abschied noch etwas Positives sagen. „Ich werde eine Anzeige ins Internet stellen und sehen, was passiert.“

„Man weiß nie“, sagte er, klang aber nicht sehr zuversichtlich. Er wünschte ihr viel Glück und winkte ihr nach, als sie wegfuhr. Die späte Nachmittagssonne spiegelte sich in der Heckscheibe ihres Wagens.

Johnston musste anerkennen, dass Irena auf ihrer Suche nach Informationen über griechische Handschriften an die richtige Tür geklopft hatte. Elmer war einer der führenden Wissenschaftler für die archaische Zeit der griechischen Zivilisation, die vom achten bis ins sechste Jahrhundert vor Christus dauerte, und sein besonderes Interesse galt den frühen Pythagoreern. Er war außerdem ein versierter Linguist und Philologe. Seine Kenntnisse der alten Sprachen hatten es ihm ermöglicht, Originalquellen zu studieren und zahlreiche Übersetzungen aus dem Phönizischen und Griechischen anzufertigen, auf die sich viele Historiker bei ihren Forschungen bezogen. Aber vor allem hatte es Elmer immer hinaus ins Gelände gezogen, er war ein Mann der Tat, der die Welt bereist hatte. Er war viel unterwegs, trat als Gastredner auf internationalen Tagungen auf oder besuchte archäologische Stätten. Anfragen, die an seine Adresse in Oxford gerichtet waren, um seinen Expertenrat zu alten Artefakten oder Manuskripten einzuholen, blieben daher oft unbeantwortet. Jedenfalls war er der richtige Mann, wenn es darum ging, ein altes Dokument über griechische Geschichte aufzuspüren.

Elmers Vater, Sir Ernest, der sich trotz seiner dreiundneunzig Jahre noch recht guter Gesundheit erfreute, war ein berühmter Archäologe und Forschungsreisender. Er war erst achtzehn gewesen, als er an der Antarktis-Expedition eines noch berühmteren Ernest – Sir Ernest Shackleton – teilnahm. Es sollte Shackletons letzte Forschungsreise sein, denn im Januar 1922 erlitt er an Bord der *Quest* einen tödlichen Herzinfarkt. Die Abenteuerlust des jungen Ernest würde später eine schwere Bürde für sein Familienleben bedeuten. 1931 heiratete er Elizabeth

Jennifer Williams, die einzige Tochter eines Rechtsanwalts, die ihm zwei Söhne schenkte: John Arthur, der 1932 geboren wurde, und Elmer James, der zwei Jahre später zur Welt kam.

Ernest war die meiste Zeit unterwegs, zu Ausgrabungen an abgelegenen Orten in Ägypten, Griechenland oder Südamerika, während Jenny sich in ihrem großzügigen Haus in Salisbury um die Kinder kümmerte. Die Söhne bekamen ihren Vater nicht oft zu sehen, außer während der kurzen Zeitspannen zwischen seinen Reisen. Dann besuchte Ernest mit ihnen das nahe gelegene Stonehenge, wo er ihnen einen Vortrag über den möglichen Ursprung der rätselhaften Monumente hielt; oder die ganze Familie fuhr ausnahmsweise einmal nach Bournemouth, um einen gemeinsamen Urlaub am Meer zu verbringen.

Nicht lange nach dem Krieg, 1949, ließen sich Ernest und Jenny scheiden. Es war ein schmerzloses Ereignis, das schon lange vorherzusehen war. Die Söhne waren schon aus dem Haus und gingen auf ein Internat, als das Anwesen in Salisbury zum Verkauf angeboten wurde. Außer den jahrhundertealten Möbeln aus Massivholz gab es in dem Haus eine riesige Sammlung von Gegenständen und Artefakten, die Ernest von Ausgrabungsorten aus allen Teilen der Welt mitgebracht – oder geschmuggelt – hatte: Skulpturen, Tonwaren, Werkzeuge, Waffen, Kultgefäße, Papyrusrollen, Münzen, Goldschmuck und sogar einige Sarkophage. Einige der Objekte waren vorübergehend ausgelagert, während Ernest nach einem neuen Domizil suchte. Zu Elmers großem Bedauern war jedoch ein Großteil der Schätze seines Vaters an Museen verschenkt, diesen als Leihgabe überlassen oder auf Auktionen verkauft worden. Immerhin gelang es ihm später, zumindest einige Stücke zurückzugewinnen. Im Unterschied zu seinem älteren Bruder hatte er immer ein leidenschaftliches Interesse an solchen alten Objekten gezeigt, diesen stummen Zeugen aus den Anfangskapiteln im Buch der Menschheitsgeschichte.

Johnston war aus verschiedenen Anlässen von Elmer in dessen Haus in der Blackhall Road eingeladen worden, anfangs als Student und später als Kollege. Einmal, nach dem Abendessen, hatte der Professor ihm und den anderen Gästen seine Münzensammlung gezeigt, die er in den mit Samt ausgeschlagenen Fächern eines großen Schranks, der in einer Ecke seines Arbeitszimmers stand, aufbewahrte. Elmer hatte voller Stolz um ihre Aufmerksamkeit für sein Lieblingsstück gebeten, das ungefähr aus dem vierten Jahrhundert vor Christus stammte: eine eineinviertel Zoll große Silbermünze, auf deren einer Seite die nackte Gestalt eines griechischen Gottes oder Helden, wahrscheinlich Herakles, auf einem gerade bezwungenen Löwen sitzend, abgebildet war, in der linken Hand eine Keule, in der rechten eine Art Kette. Die griechischen Wörter „ΚΡΟΤΩΝΙ ΑΤΑΝ“ (Münze aus Kroton) waren in Großbuchstaben entlang des kreisförmigen Randes der Münze eingeprägt.

Es war seltsam, dass er sich gerade jetzt an diese besondere Begebenheit erinnerte, dachte Johnston. Kroton ist die Stadt in Italien, wo Pythagoras seine Bruderschaft gründete, und Irena war gekommen, um Nachforschungen über Pythagoras anzustellen. Er hoffte, dass Elmer ihr würde helfen können. Johnston rief sich dessen Anruf am Morgen in Erinnerung. Der Professor schien in Eile gewesen zu sein und hatte flüchtig „eine Geschäftsreise" erwähnt. Ein Woche später sollte sich zeigen, dass Galways Reise auch etwas mit Pythagoras zu tun hatte.

3

„Game over"

Die Worte „Game over" erschienen in großen blinkenden Buchstaben auf dem Bildschirm. Der Mann, der Mr. Smith genannt werden wollte, mit richtigem Namen aber Leonard Richter hieß, hatte das Spiel am Computer seines privaten Arbeitszimmers mitverfolgt. Nicht, dass es viel zu verfolgen gab. Denn im Unterschied zu anderen Kandidaten, die angestrengt versucht hatten, das Puzzle bis zum letzten Zug zu lösen, hatte Jule schon nach einer Viertelstunde abgebrochen, und die Bildschirmdarstellung des Spielbretts war für die restlichen fünfundvierzig Minuten wie eingefroren.

Richter hatte zunächst einen Systemfehler befürchtet, doch die Uhr des Computermonitors war normal weitergelaufen. Eine wahrscheinlichere Erklärung war, dass Jule die verfügbare Zeit dazu genutzt hatte, eine Erfolg versprechende Strategie auszutüfteln, statt zu versuchen, durch Herumprobieren mehr oder weniger zufällig auf die Lösung zu kommen. Wenn das der Fall war, so hatte er wohl einfach die Zeit überschritten. Es sei denn ...

Als Richter das große Zimmer betrat, schwenkte Jule in seinem Stuhl zu ihm herum. „Glückwunsch, Mr. Smith", sagte er mit einem Lächeln, „das war wirklich ein netter Trick, den Sie sich da ausgedacht haben. Ich frage mich, wie viele Kandidaten – was immer Sie ihnen anzubieten haben – schon in diese Falle getappt sind."

„Ich habe Ihnen zu gratulieren, Mr. Davidson." Richter lächelte ebenfalls. Er schien über das eben Gehörte hoch erfreut und schenkte Jules sarkastischem Tonfall keinerlei Beachtung. „Wann sind Sie darauf gekommen, dass das Puzzle keine Lösung hat?"

„Vor weniger als fünf Minuten."

„Und darf ich fragen, wie Sie das gemacht haben?"

„Es wurde mir klar, als ich versuchte, eine mathematische Lösung des Puzzles zu finden. Ich fand heraus, dass es unmöglich ist, mit den erlaubten Schritten, durch Verschieben der Spielsteine in die freien Quadrate, bestimmte Konfigurationen auf dem Brett hinzubekommen. An diesem Punkt kam mir der Gedanke, dass dies auch für die gesuchte Anordnung mit aufsteigenden Nummern der Fall sein könnte. Und schließlich tauchte in ihrer kleinen Geschichte über das Spiel nirgendwo ein Hinweis auf, dass jemand das Puzzle tatsächlich gelöst hat – auch nicht, nachdem Bargeld als Belohnung versprochen worden war."

„Sie hatten also nur den *Verdacht*, dass es keine Lösung für das Puzzle gibt, aber Sie waren sich nicht sicher, oder?" Richter hatte eine logische Erklärung erwartet, nicht nur eine wohlbegründete – und zufällig richtige – Vermutung.

„Ganz und gar nicht. Ich bin überzeugt davon, dass es keine Lösung gibt, und ich kann es mathematisch beweisen."

„Schießen Sie los, ich bin sehr gespannt auf Ihren Beweis."

„Sind Sie Mathematiker?"

Richter zögerte einen Augenblick, bevor er antwortete. „Ich habe Philosophie und Literaturwissenschaft studiert, aber Rätsel, mathematische und andere, haben mich immer schon fasziniert, und ich habe mich viele Jahre intensiv mit ihnen beschäftigt. Die meisten Bücher, die Sie hier sehen, haben auf die eine oder andere Weise mit diesem Gebiet zu tun. Was dieses besondere Puzzle betrifft, so ist mir ein mathematischer Beweis für seine Unlösbarkeit bekannt. Ich bin deshalb ziemlich sicher, dass ich in der Lage bin, Ihrem Beweis zu folgen, Mr. Davidson."

Jule griff nach seinem Notebook, das auf einem Tisch neben dem Computerbildschirm lag. Er hatte sich einige Notizen gemacht, es angesichts der ablaufenden Zeit aber nicht mehr geschafft, jeden Schritt seiner logisch aufgebauten Argumentationskette zu überprüfen.

„Das grundlegende Konzept, das hier eine Rolle spielt, ist das der Permutation," begann er. „Jede Anordnung auf dem Brett entspricht, von links nach rechts und von oben nach unten gelesen, einer Permutation der Zahlen 1 bis 16, das heißt, einer Auflistung dieser Zahlen in einer bestimmten Reihenfolge (das freie Quadrat kann als die Zahl 16 angenommen werden). Die Ausgangsanordnung zum Beispiel entspricht 1 2 3 4 5 6 7 8 9 10 11 12 13 15 14 16. Die mögliche Zahl solcher Permutationen ist ziemlich groß, ungefähr 20 Billionen."

„Oder genau 16 Fakultät", unterbrach Richter, „also 16 mal 15 mal 14 mal 13 und so weiter bis hinunter zu 1. Der Grund ist, dass es sechzehn Möglichkeiten für die erste Zahl in einer Permutation gibt, und danach, wenn diese gesetzt ist, fünfzehn Wahlmöglichkeiten für die zweite, so dass 16 x 15 Möglichkeiten für die Wahl der beiden ersten Zahlen existieren, 16 x 15 x 14 für die der ersten drei und so weiter, bis die sechzehnte Position nur noch mit der verbleibenden Zahl besetzt werden kann. Daraus ergibt sich 16 x 15 x 14 x ... x 2 x 1 oder, mathematisch ausgedrückt, 16 Fakultät."

„Das ist richtig", bestätigte Jule und fragte sich, ob der Mann, den er nur als Mr. Smith kannte, anzugeben versuchte.

„Ganz einfach gesagt, besteht die Lösung des Puzzles darin, die Ausgangspermutation durch Verschieben der Steine nach links, rechts, oben oder unten in das benachbarte freie Feld in die Endpermutation zu überführen. Sowohl die Anfangs- als auch die Endpermutation enden mit 16 (d. h., das leere Quadrat befindet sich in der unteren rechten Ecke). Daraus ergibt sich die erste wichtige Tatsache: Um von einer mit 16 endenden Permutation zu einer anderen derselben Art zu kommen, ist eine gerade Zahl von Zügen nötig."

„Und diese Tatsache kann als offensichtlich angenommen werden?", fragte Richter.

„Eigentlich nicht, aber ich kann Sie leicht davon überzeugen, dass sie zutrifft. Bedenken Sie zunächst, dass sich mit jedem Zug auch das leere Feld von seiner vorherigen Position um ein Quadrat auf dem Spielbrett ‚bewegt', entweder horizontal (nach links oder rechts) oder vertikal (nach oben oder unten). Jede Folge von Spielzügen führt deshalb dazu, dass das leere Feld über das Brett ‚wandert'. Können Sie mir folgen?"

„Voll und ganz, nur weiter." Richter schien gespannt darauf, den Rest des Beweises zu hören. Jule fuhr mit seiner Erklärung fort. „Angenommen, man beginnt mit der Anfangsanordnung S, und kommt, nach einer bestimmten Zahl von Spielzügen, zur Schlussanordnung F.

Weil das leere Quadrat auf dem Spielbrett sich am Ende wieder an seiner ursprünglichen Position (in der unteren rechten Ecke) befindet, muss es ebenso oft nach oben – sagen wir *m*-mal – wie nach unten bewegt worden sein. Also muss es in der Vertikalen eine gerade Anzahl von Schritten (2*m*) bewegt worden sein, und es muss in der Horizontalen ebenso eine gerade Anzahl von Schritten bewegt worden sein. Demzufolge entspricht die Gesamtzahl von Bewegungen auf dem Weg von S nach F der Summe zweier gerader Zahlen und muss damit selbst eine gerade Zahl sein. Damit hätten wir Tatsache Nummer eins begründet: *Zum Erreichen der finalen Anordnung ist eine gerade Anzahl von Zügen nötig.*"

Richters Stimme unterbrach das kurzzeitige Schweigen. „Diese Tatsache schließt aber nicht die Möglichkeit aus, die endgültige Anordnung F zu erreichen, oder?"

Jule sah ihn an, leicht verärgert durch dessen Bemerkung, und antwortete: „Natürlich nicht, nicht Tatsache Nummer eins allein. Aber warten Sie, bis ich Ihnen Fakt Nummer zwei beweise: *Um die Schlusskonfiguration zu erreichen, benötigt man eine ungerade Zahl von Spielzügen.* Betrachtet man beide Tatsachen, kommt man zu den Ergebnis, dass das Fünfzehn-Puzzle keine Lösung hat: Denn wenn es in *n* Zügen gelöst werden könnte, würde dies bedeuten, dass die Zahl *n* zugleich gerade und ungerade wäre. Eine solche Zahl existiert aber nicht!"

„Das würde den Beweis in der Tat besiegeln", bemerkte Richter begeistert, „ich kann es kaum erwarten, Ihren Beweis für Tatsache Nummer zwei zu hören."

„Und ich werde ihnen gern den Gefallen tun, aber ich brauche ein paar Minuten, um meine Notizen durchzusehen, wenn Sie nichts dagegen haben."

„Überhaupt nicht. Nehmen Sie sich so viel Zeit, wie Sie brauchen." Und im Aufstehen fügte er hinzu: „Wenn Sie mich bitte entschuldigen würden, ich muss noch ein paar Dinge erledigen. Es wird nicht lange dauern."

Während Jule sich seinen Notizen zuwendete, verließ Richter den Raum und kehrte in sein Arbeitszimmer zurück. Er schloss die Tür hinter sich, setzte sich an den Schreibtisch und griff nach dem Telefon, das halb unter einem Papierstapel begraben war. Der Apparat am anderen Ende der Leitung klingelte einige Male, bevor ein Anrufbeantworter ansprang: *Im Augenblick können wir Ihren Anruf nicht entgegennehmen. Bitte hinterlassen Sie eine Nachricht.* Nach einem kurzen Piep begann das Gerät Richters Nachricht aufzuzeichnen: „Richter. Ich habe gute Nachrichten. Ich habe ihn gefunden. Das Team ist jetzt vollständig. Können Sie mich heute Abend anrufen? Danke." Dann legte er auf.

„Wir müssen uns noch einmal mit Permutationen beschäftigen", bereitete Jule sein Einmannpublikum vor. Richter war wieder im Bücherzimmer, er saß auf einem bequemen Ledersofa, das zu drei Vierteln unter Büchern und Papierbögen begraben war.

„Es gibt zwei Arten von Permutationen, gerade Permutationen und ungerade Permutationen. Sagen Ihnen die Begriffe etwas?"

„Ich fürchte nein", gab Richter zu.

„Dann werden wir ganz am Anfang beginnen. Jede Permutation lässt sich entwirren, das heißt, wieder in die natürliche Reihenfolge, also 1 2 3 4 5 etc., bringen, indem man eine bestimmte Zahl von Auswechslungen vornimmt. Hier ein Beispiel – der Einfachheit halber nehmen wir sechs Zahlen statt sechzehn, aber das Prinzip ist dasselbe.

Sie werden etwas Papier zum Schreiben brauchen.“ Richter griff nach einem leeren Blatt Papier neben sich und zog einen Füllfederhalter aus einer seiner Taschen hervor.

„Bitte schreiben Sie 3 6 2 1 5 4.“ Richter tat, was von ihm verlangte wurde, und setzte die Ziffern in kleiner, blauer Schrift auf das Papier. „Tauschen Sie jetzt die 3 mit der 1 und notieren Sie die sich daraus ergebende Permutation.“ Die Permutation 1 6 2 3 5 4 erschien Ziffer für Ziffer auf Richards Schreibbogen, unterhalb der ersten Zahlenreihe. Pflichtbewusst notierte er jede neue, durch das Tauschen von Zahlen entstandene Permutation, die ihm von Jule diktiert wurde. „Tauschen Sie jetzt 2 und 6 (1 2 6 3 5 4), 6 und 3 (1 2 3 6 5 4) und schließlich noch 6 und 4. Jetzt müssten Sie bei 1 2 3 4 5 6 angelangt sein, der natürlichen Reihenfolge.“

„Ja, stimmt“, bestätigte Richter und sah von seinem Blatt Papier auf.

„Beachten Sie, dass Sie vier Auswechslungen gebraucht haben, um die Permutation zu entwirren. Übrigens gibt es viele andere Tauschfolgen, die zum selben Ergebnis führen, die aber eines gemeinsam haben: Die Zahl der Auswechslungen ist immer gerade – das ist eine altbekannte Eigenschaft von Permutationen, die Sie in jedem Mathematiklehrbuch zu diesem Thema finden können. Wir bezeichnen darum Permutationen wie 3 6 2 1 5 4 als *gerade*, während solche, die nur durch eine ungerade Zahl von Auswechslungen wieder in die natürliche Reihenfolge gebracht werden können, *ungerade* genannt werden.“

Jule machte eine Pause, als ob er Richter die Möglichkeit zu fragen geben wollte. Sein Gastgeber schwieg jedoch.

„Wenn wir jetzt unser Puzzle betrachten, dann handelt es sich bei der Ausgangsanordnung des Spielfeldes um eine ungerade Permutation, bei der durch den Tausch von 15 und 14 (also durch eine einzige Auswechslung) die natürliche Reihenfolge wiederhergestellt wird. Andererseits *ist* die gesuchte Konfiguration bereits die natürliche Reihenfolge, sodass hier überhaupt keine Auswechslung nötig ist (oder, wenn es Ihnen lieber ist, zwei ‚künstliche' Auswechslungen: sagen wir 1 und 2, und noch einmal 1 und 2). Mit anderen Worten, die gesuchte Anordnung ist *gerade*."

An dieser Stelle unterbrach ihn Richter. Vorwärts gebeugt, mit leicht erregter Stimme, sagte er: „Jetzt verstehe ich, worauf Sie hinaus wollen, Mr. Davidson, und es ist wirklich sehr clever. Ein erlaubter Zug ist eigentlich ein Tausch: Die Zahl 16 (also das freie Quadrat) und irgendeine andere Zahl (also ein anderes Quadrat) tauschen die Plätze. Also ist jede neue Permutation, die nach einem einzelnen Zug entsteht, ungerade, wenn die vorausgegangene gerade war, und gerade, wenn die vorherige ungerade war. Um von der Anfangskonfiguration zur vorgegebenen Endanordnung zu kommen, ist deshalb, falls es überhaupt möglich ist, eine *ungerade* Zahl von Spielzügen nötig. Das ist Ihr Faktum Nummer zwei, und der Beweis ist vollständig, denn die Zahl von Zügen, die von einem Spieler gemacht wurde, der das Puzzle gelöst hat, wäre sowohl gerade als auch ungerade. Und diese Zahl existiert nicht!"

Richter war aufgesprungen und hatte sich auf Jule zubewegt, der noch an dem Computertisch saß. Er legte seine rechte Hand auf Jules Schulter, sah ihm geradewegs in die Augen und sagte mit feierlichem Gesichtsausdruck: „Ich habe ein höchst aufregendes und lukratives Angebot für Sie, Mr. Davidson. Ich hoffe sehr, Sie werden es annehmen."

Erst viel später, neugierig auf die Geschichte des Fünfzehn-Puzzles geworden, erfuhr Jule, was es wirklich damit auf sich hatte. Es lag auf der Hand, dass Loyd das Puzzle absichtlich so gestaltet hatte, dass es nicht gelöst werden konnte. Er hatte tausend Dollar als Preis ausgesetzt, damit die Leute das Spiel kauften, wohl wissend, dass er das Geld niemals würde auszahlen müssen. Aber trotz des Erfolgs seiner Erfindung ließ er sie in den Vereinigten Staaten nie patentieren. Wie es in einer Quelle heißt, musste er, um das Patent zu bekommen, ein „funktionierendes Muster“ einreichen. Als aber Loyd dem Patentbüro offiziell mitteilte, es gäbe für das Puzzle keine Lösung, bekam er von dort die Auskunft, dass es in diesem Fall kein funktionierendes Muster und ohne ein solches auch kein Patent geben könne.

4
Ein Abstecher nach London

Als er die Augen aufschlug und auf die Uhr neben seinem Bett sah, hatte Elmer James Galway das merkwürdige Gefühl, dass dieser Dienstag im Spätherbst des Jahres 1997 kein gewöhnlicher Tag werden würde. Es begann schon damit, dass der dreiundsechzig Jahre alte Professor für Alte Geschichte an der Oxford University verschlafen hatte. Schuld daran war nicht etwa der Wecker. Vielmehr war Slipper, sein Golden Retriever, den er so nannte, weil dieser als Welpe eine Vorliebe für Hausschuhe hatte, nicht wie sonst jeden Morgen – auch an den Wochenenden – pflichtbewusst um sechs Uhr auf das Bett des Professors geklettert, um ihn sanft zu wecken.

Es war schon Viertel vor acht, als Galway eilig aufstand. Als er in Richtung Küche ging, um den Tag mit einer ersten Tasse Tee zu beginnen, stieß er mit dem ebenfalls eiligen Slipper zusammen, der aus der entgegengesetzten Richtung kam. „Du bist spät dran, alter Junge, und ich auch; wir haben keine Zeit für deinen Morgenspaziergang. Und das alles ist deine Schuld", sagte er. Sein Zeigefinger war auf den Hund gerichtet, und er tat so, als sei er seinetwegen verärgert. Die Antwort war ein lautes Bellen.

Das Telefon klingelte, noch bevor er die Küche erreicht hatte. Er nahm den Anruf in seinem Arbeitszimmer entgegen, während ein ruheloser Slipper weiter versuchte, seine Aufmerksamkeit zu gewinnen.

„Elmer? Hier ist David. Ich habe Ihnen gestern eine Nachricht auf Band hinterlassen." David Green war der Gründer und Inhaber eines der größten Buchantiquariate in England, David Green Rare Books & Manuscripts Limited. Von Zeit zu Zeit bat er Galway um dessen fachlichen Rat, wenn es um die Herkunft oder Echtheit einer alten Handschrift ging. Er rief aus seinem Büro im Obergeschoss des dreistöckigen Gebäudes im Londoner Stadtteil Mayfair an, in dem sich das Hauptgeschäft des Unternehmens befand.

„Tut mir leid, David, ich bin gestern spät nach Hause gekommen und habe meine Nachrichten nicht mehr abgehört. Was gibt's?"

„Ich wäre sehr dankbar für Ihre Meinung zu einem Objekt, das uns gestern angeboten wurde. Die Angelegenheit ist ziemlich eilig. Könnten Sie vielleicht herüberkommen?"

„Heute?"

„Wenn irgend möglich ..." Und um sein Anliegen verlockender zu machen, fügte er hinzu: „Es geht um etwas, das auch für Sie sehr interessant sein dürfte."

„Bleiben Sie eine Sekunde dran. Lassen Sie mich sehen ... ich weiß, dass ich zum Treffen des Bibliotheksausschusses schon spät dran bin."

Es gab eine kurze Pause, während Galway einen Blick in seinen Terminkalender warf – er hatte einen in der Universität und einen zweiten bei sich zu Hause, beide stimmten nicht immer überein. „Ach du liebe Zeit, ich habe heute Nachmittag Besuch aus Übersee. Aber ich denke, ich kann es einrichten, wenn ich ..."

„Das wäre großartig!“, fiel Green ihm begeistert ins Wort. „Die Uhrzeit spielt keine Rolle. Danke, Elmer; ich bin Ihnen wirklich sehr dankbar für Ihre Hilfe.“ Er hatte aufgelegt, noch bevor der Professor bestätigen konnte, dass er den Abstecher nach London wirklich machen würde.

Vorher hatte er aber noch einiges zu erledigen. Er konnte bei dem Treffen des Bibliotheksausschusses nicht fehlen, auf dem erhebliche Einschnitte im Budget für die Abonnements von Fachzeitschriften diskutiert und, sollte es keine deutliche Gegenwehr geben, auch beschlossen würden. Die Sitzung würde wahrscheinlich fast den ganzen Vormittag dauern, aber er könnte den Zug um 12 Uhr 45 nehmen und um 14 Uhr in London sein. Er vermied es, wenn irgend möglich, mit dem Wagen ins Stadtzentrum zu fahren. Statt sich unnötigem Stress auszusetzen, fuhr er lieber bequem mit der Bahn, auch wenn Pünktlichkeit und Service nicht mehr wie früher waren.

Seine Nachmittagsverabredung konnte er nicht mehr absagen, dafür war es zu spät. Er würde seinen früheren Studenten und jetzigen wissenschaftlichen Assistenten Bradley Johnston bitten, sich um den Besuch aus Übersee, eine Dame von irgendeinem kanadischen Museum, zu kümmern. „Wahrscheinlich ist sie an einer Führung durch die nichtöffentlichen Sammlungen des Ashmolean Museums interessiert“, dachte er, und die könnte Bradley ohne weiteres für ihn übernehmen. Das Ashmolean ist Englands ältestes öffentliches Museum, es wurde 1683 gegründet und gehört seit Mitte des neunzehnten Jahrhunderts zur Oxford University. Unter seinen Kunstschätzen und archäologischen Schmuckstücken befinden sich bedeutende griechische und römische Skulpturen, darunter der Apoll von Olympia und die Augustus-Statue von Primaporta.

Als Galway in der Bahn saß, die um 12 Uhr 45 von Oxford ohne Zwischenhalt nach London Paddington Station fuhr, war er sehr zufrieden mit sich. Die Sitzung war weniger turbulent verlaufen, als er befürchtet hatte. Aber was noch wichtiger war, er ganz allein hatte drastische Kürzungen bei den Mitteln zur Beschaffung von Fachzeitschriften des Instituts für Alte Geschichte verhindert. Irgendein Dummkopf von der Finanzverwaltung hatte die Einschnitte mit dem Argument zu rechtfertigen versucht, dass sowieso fast sämtliche Informationen kostenlos im Internet verfügbar wären. Der liebe Kollege hatte offenbar nicht die leiseste Ahnung, wie wissenschaftliche Forschung betrieben wird.

In Wahrheit war Galway sich durchaus bewusst, dass heute immer mehr Fachzeitschriften elektronisch veröffentlicht wurden und für wenig Geld praktisch überall und jederzeit, nicht nur während der Öffnungszeiten der Bibliothek, abgerufen werden konnte. Auch wenn er es nicht zugeben würde, misstraute er wissenschaftlichen Aufsätzen in digitaler Form und verließ sich stattdessen lieber auf die Endgültigkeit gedruckter Ausgaben. Anders als deren elektronisches Pendant konnten Letztere nicht nach Belieben durch ein paar Anschläge auf der Tastatur oder durch wenige Mausklicks verändert werden.

„Auf einer CD mögen die Informationen einer kleinen Bibliothek gespeichert sein", würde er seine Verteidigungsrede für das gedruckte Wort beginnen, „aber man wird zum Sklaven der Technik, die nötig ist, um sie zu lesen. Die alten, auf traditionellen Materialien wie Tontafeln, Papyrusrollen, Pergament oder Papier festgehaltenen Schriften vertragen überdies keine solchen zwischen Leser und Text vermittelnden Technologien. Ohne diese ‚Hardcopies' aus vergangenen Zeiten wüssten wir so gut wie nichts über das Altertum, und wir sollten tunlichst dafür sorgen, dass Gedrucktes aus heutiger Zeit zum Nutzen von Wissenschaftlern im vierzigsten Jahrhundert weiterhin in Umlauf bleibt."

Galway liebte Bücher als Objekte an sich und nicht nur wegen der in ihnen enthaltenen Information. Einen Text am Computerbildschirm zu lesen war nichts, verglichen mit dem Genuss, den er beim Hantieren mit einem gebundenen Stapel Blätter, dem genüsslichen Umschlagen der Seiten oder dem bloßen Befühlen des Papiers empfand. Er ließ keine Gelegenheit aus, um die Regale in Greens Antiquariat im ersten Stock des Gebäudes an der Brooke Street zu durchstöbern. Der Ort strömte den für Secondhand-Buchläden typischen Modergeruch nach Staub und altem Papier aus. Gelegentlich besuchte er auch das zweite Obergeschoss, wo die meisten Bücher und Handschriften bei strikt geregelter Temperatur und Luftfeuchte aufbewahrt wurden.

Bei einem dieser Besuche hatte er eine Abschrift der ersten lateinischen Übersetzung von Euklids *Elementen* von 1482 in den Händen gehalten. Euklid von Alexandria war einer der bedeutendsten Mathematiker im alten Griechenland; nur Pythagoras und Archimedes übertrafen ihn noch an Ansehen. Seine frühe Ausbildung erhielt er im Athen des dritten Jahrhunderts vor Christus durch Platons Schüler, später lehrte er in Alexandria und gründete dort eine eigene Schule. In seinem berühmtesten Werk, *Die Elemente*, entwickelte er die Geometrie und die Zahlentheorie auf systematische Weise durch logisches Ableiten aus gesicherten Grundannahmen oder Axiomen, „den unwiderlegbaren Beweis für Dinge liefernd, die seine Vorgänger nur vage belegt hatten", wie es der neuplatonische Denker Proklos im fünften Jahrhundert nach Christus ausdrückte. Durch die zahllosen Editionen und Übersetzungen wurde Euklids Meisterwerk zum erfolgreichsten und einflussreichsten Mathematiklehrbuch aller Zeiten.

Die zum Verkauf stehende lateinische Ausgabe von 1482 basierte auf einer Übersetzung des englischen Mönchs Adelard von Bath aus dem Arabischen. Abgesehen von der mathematischen Bedeutung des Werks begründete diese besondere Ausgabe eine Epoche in der Geschichte des Buchdrucks, in der erstmals Diagramme und geometrische Formen in Metallblöcke gegossen wurden – ein Kunststück, von dem die venezianischen Drucker behaupteten, dass es vor ihnen noch keiner fertiggebracht hätte. Die reizvolle, handkolorierte Abschrift war in ausgezeichnetem Zustand und besaß eine Inschrift aus dem frühen achtzehnten Jahrhundert, welche die Herkunft der Kopie aus der Bibliothek eines Jesuitenklosters bezeugte.

Galway hatte das Buch auf einer zufälligen Seite geöffnet und Teile des lateinischen Textes frei übersetzt. Ohne den mathematischen Inhalt im Einzelnen nachzuvollziehen, hatte er vermutet, dass der Autor über die Primzahlen schrieb, diejenigen positiven ganzen Zahlen, die nicht als Produkt zweier kleinerer positiver Zahlen gebildet werden können (die Seite enthielt tatsächlich Euklids Beweis, dass es unendlich viele Primzahlen gibt[2]). Als er sich, mehr aus Neugier, nach dem Preis erkundigte, erhielt er die Auskunft, dass der „gegenwärtig bei 300 000 Pfund" liege.

[2] Siehe Anhang 2

Über die Jahre hatte Galway eine kleine Sammlung alter Bücher und Handschriften aufgebaut, darunter einige ziemlich seltene, wenn auch nicht annähernd so teure Exemplare wie die alte Abschrift der *Elemente*. Aber die Stücke, die er am höchsten schätzte, waren vier ägyptische Papyrusrollen, die er von seinem Vater bekommen hatte. Galway junior hatte wegen der Papyri immer ein ungutes Gefühl, und er würde ihre Existenz höchstens gegenüber seinen engsten Freunden erwähnen und sie auch nur diesen zeigen. Er hegte den Verdacht, dass sein Vater sich die Rollen bei einem seiner Geländeaufenthalte mit nicht ganz legalen Mitteln angeeignet hatte, und fühlte sich deshalb nicht wirklich als ihr rechtmäßiger Besitzer. Sie waren wahrscheinlich ein kleines Vermögen wert, doch Elmer hatte sich nie getraut, ihren Wert schätzen zu lassen, aus Angst, über ihre Herkunft ausgefragt zu werden. Museen und seriöse Händler in den meisten Ländern folgten heute dem strikten Grundsatz, kein Material anzukaufen, das illegal aus dem Ursprungsland gebracht wurde.

Die Zeiten haben sich geändert, würde er zu seiner eigenen Beschwichtigung sagen; die ethischen Maßstäbe hinsichtlich des Umgangs mit Kulturgütern, die bei Ausgrabungen oder auf Expeditionen in abgelegenen Winkeln der Welt entdeckt wurden, waren zu Lebzeiten seines Vaters wesentlich lockerer als heute. Man denke zum Beispiel an die italienischen Entdecker des neunzehnten Jahrhunderts oder den einstigen Zirkus-Muskelmann Giovanni Belzoni. Als einer der ersten Europäer, die in ägyptische Tempel und Pyramiden eindrangen, transportierte dieser eine große Zahl altägyptischer Kunstgegenstände mit dem Schiff nach England und brachte sie in das Britische Museum in London. Besonders zu erwähnen ist hier die kolossale Büste von Ramses II. In seinem 1820 veröffentlichten Bestseller *Narrative of the Operations and Recent Discoveries within the Pyramids, Temples, Tombs, and Excavations in Egypt and Nubia* gibt er Einblicke in die archäologischen Praktiken jener Zeit: „So gelangte ich von einer Kammer in die nächste, alle voller Mumien, in unterschiedlicher Weise gestapelt, einige aufrecht, andere liegend, wieder andere auf dem Kopf stehend. Der Zweck meiner Suche war, die Ägypter ihrer Papyri zu entledigen; einige von diesen fand ich versteckt auf deren Brust, unter den Armen, auf ihren Knien oder Beinen, verborgen unter zahlreichen Stofflagen, in welche die Mumien eingewickelt waren." Belzoni war immerhin so höflich, einige Papyri für zukünftige Archäologen – wie zum Beispiel seinen Vater? – an Ort und Stelle zu belassen, damit diese sich später selbst bedienen konnten, sagte sich Galway voller Sarkasmus.

Nie hatte er dem Vater gegenüber seine Zweifel wegen der Rollen geäußert, und auch nicht wegen des riesigen Sammelsuriums anderer Artefakte, von Münzen bis zu Sarkophagen, die Sir Ernest im Lauf der Jahre von allen möglichen Ausgrabungen mitgebracht hatte. Ein Grund dafür war, dass der zupackende Vater und sein zurückhaltender Sprössling nicht wirklich gut miteinander auskamen; er suchte jedoch Rat bei seinem älteren Bruder John.

„Ach was, wer's findet, der behält's", war die nicht gerade feinsinnige Antwort, die er von diesem bekam. Und John fuhr fort: „Wenn die Briten und die Deutschen die Sachen nicht ausgebuddelt hätten, würde das ganze Zeug immer noch in den Höhlen, oder wo immer es gefunden wurde, vor sich hin verrotten. Du weißt besser als ich, dass, bevor Schliemann dort hinkam, griechische Bauern diese alten Steine, die du für so kostbar hältst, für den Bau von Hühnerställen benutzt haben. Und wie viele tausend alter Aufzeichnungen und literarischer Werke haben ägyptische Bauern verbrannt, nur wegen des Kicks, den Geruch von verbranntem Papyrus einzuatmen? Wir haben diesen Leuten und der ganzen Menschheit einen Gefallen getan, Elmer." Heinrich Schliemann, der in Deutschland geboren wurde und später die amerikanische Staatsbürgerschaft annahm, war einer der Pioniere der modernen Archäologie. Im späten neunzehnten Jahrhundert leitete er umfangreiche Grabungen in Griechenland, die zur Entdeckung der Ruinen von Troja, der Schachtgräber von Mykene mit ihren riesigen Schätzen an Objekten aus Gold, Silber und Elfenbein und des minoischen Palastes von Knossos auf der Insel Kreta führten.

John Arthur Galway besaß den extravaganten Charakter und das forsche Auftreten des erfolgreichen Geschäftsmannes, der er tatsächlich auch war. Er hatte einen Hochschulabschluss in Geologie, dachte aber nie daran, Wissenschaftler zu werden. Gleich nach dem Studium gründete er ein Import-Export-Unternehmen, das mit Edelsteinen handelte – hauptsächlich Smaragden, aber auch Rubinen und anderen kostbaren Steinen. Er war außerdem Teilhaber einer multinationalen Gesellschaft, die in Kolumbien Smaragde förderte.

John hatte seine eigenen Vorstellungen, was sein jüngerer Bruder mit den Rollen anstellen sollte. „Ich kenne einen Typen in Bogotá, der ein stolzes Sümmchen für deine Papyri berappen würde, ohne Fragen zu stellen", erzählte er Elmer. „Du müsstest wegen der Rollen kein schlechtes

Gewissen mehr haben, und obendrein würde es dir ein stattliches Polster für deinen Ruhestand einbringen. Was meinst du?" Elmer antwortete höflich, dass er es sich überlegen würde. In Wahrheit dachte er aber, dass sein Bruder noch weniger Skrupel hatte als sein Vater.

Der Zug fuhr pünktlich in Londons Paddington Station ein. Zu dieser frühen Nachmittagsstunde herrschte dort geschäftiges Treiben, Leute kamen und gingen, und es dauerte fast zwanzig Minuten, bis Galway ein Taxi bekam. Er nannte dem Fahrer die Adresse von David Green Rare Books & Manuscripts Limited. Es herrschte dichter Verkehr, und es kostete ihn weitere zwanzig Minuten, bis er sein Ziel erreichte.

Der erste Stock des Gebäudes stand für jedermann offen, der Zugang zu den oberen Etagen war dagegen nur nach vorheriger Vereinbarung möglich. Galway betrat das Geschäft und ging die Treppe hinauf bis zu einem Absatz, wo neben einer verschlossenen Tür auf der einen Seite ein Stuhl und auf der anderen ein kleiner Tisch stand. Auf dem Türschild war zu lesen „Beschränkter Zugang, bitte läuten." Er drückte auf den Summer der Sprechanlage, nannte seinen Namen, wurde eingelassen und stieg die Treppe weiter nach oben. Als er auf dem nächsten und obersten Stockwerk angekommen war, ging er den schmalen Gang entlang auf den Empfangstisch zu.

„Professor Galway, wie schön, Sie zu sehen!" Es war Sandra, Greens Sekretärin, die ihn wie immer in ihrer fröhlichen Art begrüßte. Sandra, eine brünette Endvierzigern von stattlicher Figur und immer noch unverheiratet, ging völlig in ihrem Beruf auf. Ihr Humor und ihre Herzlichkeit sorgten dafür, dass sich die Kunden und Besucher vom ersten Augenblick an wohl fühlten. „Hallo Sandra, ich freue mich auch, Sie zu sehen. Wie geht's Beauty?" Galway erkundigte sich nach Sandras Katze. „Meinem armen Liebling ging's letztens nicht so gut. Der Tierarzt hat ihr eine spezielle Diät verordnet. Sieht so aus, als würde sie zu viel essen, genau wie ihr Frauchen!" Sie lachte. Galway rang sich ein Lächeln ab, unsicher, was er als Nächstes sagen sollte.

„Elmer, wie ich mich freue, dass Sie es einrichten konnten!", unterbrach sie David Green, der aus seinem Büro trat. „Gerade noch mal Glück gehabt", dachte Galway. Green griff mit beiden Händen die Rechte des Professors und schüttelte sie energisch, während er ihn hereinbat. Und nach einem „Keine Störungen, danke" zu seiner Sekretärin verschwanden die beiden Männer hinter der geschlossenen Tür von Greens Büro.

5
Ein Brief aus der Vergangenheit

Elmer Galway und David Green saßen in einem unaufgeräumten Büro im dritten Stock von Greens Buchantiquariat im Londoner Westen einander gegenüber. Sie waren durch einen Glastisch voneinander getrennt; auf dem Tisch lag ein einzelner Gegenstand, eingewickelt in ein Stück Stoff. Draußen war es schon dunkel, obwohl es erst drei Uhr nachmittags war, und es fiel feiner Nieselregen. Auch im Raum war es dunkel, bis auf den gelblichen Lichtkegel, den eine Stehlampe auf den Tisch warf.

Sie saßen seit fünfzehn Minuten zusammen, und bisher hatte vor allem Green gesprochen. Er hatte dem Professor alles über Señor Alfonso Lopez de Burgos erzählt, einen Spanier, der sich auf Geschäftsreise in London befand und tags zuvor in das Geschäft gekommen war. Er hatte ein altes Buch mitgebracht, das er schätzen lassen wollte, um es später zu verkaufen. Besagtes Buch war der Gegenstand, der jetzt auf dem Tisch lag, und Green war sehr erpicht darauf, Galways Expertenmeinung über dessen Herkunft und Echtheit sowie zu dessen möglicher historischer Bedeutung zu erfahren. Die Zeit drängte, denn Sr. Lopez de Burgos würde tags darauf nach Hamburg weiterreisen, wo er das Buch ebenfalls begutachten lassen wollte. Der Spanier glaubte offenbar, dass er einen wertvollen Gegenstand in seinem Besitz hatte, und war auf der Suche nach dem Meistbietenden. Nein, Sr. de Burgos war keiner dieser gewöhnlichen Kunden, antwortete Green auf Galways Frage.

Galway beugte sich vor, nahm das eingepackte Buch vom Tisch und entfernte vorsichtig die Stoffumhüllung. Er trug weiße Baumwollhandschuhe, wie es beim Hantieren mit alten Gegenständen allgemein üblich ist, um Beschädigungen vorzubeugen und gleichzeitig denjenigen, der mit dem Gegenstand in Berührung kommt, vor Schimmel und anderen möglicherweise gesundheitsschädlichen Substanzen zu schützen. Er legte das Stück Stoff auf den Tisch und begann, die Handschrift zu inspizieren.

Das „Buch" bestand aus ungefähr einem Dutzend locker gebundener, etwa fünfzehn mal zwanzig Zentimeter großer Bögen, es besaß einen vorderen Deckel, während der hintere Deckel und die Titelseite fehlten. Es war in ziemlich gutem Zustand, bedenkt man, dass es wahrscheinlich einen Brand überstanden hatte, wofür die an den Rändern angekohlten Seiten sprachen. Es war durchgehend in Altarabisch geschrieben, einer Sprache, mit der Galway durch seine Arbeit recht gut vertraut war. Vom achten bis zum dreizehnten Jahrhundert, als große Teile Westeuropas von Epidemien, Hunger und Krieg heimgesucht wurden, bewahrten arabische Gelehrte und Philosophen das kulturelle Erbe der Antike vor dem Vergessen, indem sie die Werke von Platon, Aristoteles, Euklid, Archimedes, Ptolemäus, Plotin und vielen anderen griechischen Denkern ins Arabische übersetzten. Diese arabischen Fassungen, die ein breites Spektrum von Fachgebieten und Textgattungen umfassen, von philosophischen Diskursen und literarischen Werken bis zu wissenschaftlichen Abhandlungen und technischen Anleitungen, wurden von den Übersetzern oft durch eigene Beiträge in Form von Kommentaren oder Ergänzungen erweitert. Und während fast sämtliche auf Papyrus geschriebenen griechischen Originalquellen verloren gegangen sind, haben die meisten arabischen Übersetzungen die Zeit überdauert und stellen für heutige Wissenschaftler ein unschätzbar wertvolles Arbeitsmittel für das Studium des goldenen Zeitalters der griechischen Kultur und Zivilisation dar.

„Und wie ist Sr. de Burgos in den Besitz dieses Manuskripts gekommen?", fragte Galway, ohne den Blick von dem Buch abzuwenden.

„Er erwähnte, dass es sich lange Zeit in Familienbesitz befand, nannte aber keine weiteren Einzelheiten. Er kommt aus Córdoba, wo Vorfahren von ihm schon im Mittelalter lebten, als die Stadt unter der Herrschaft der Mauren stand."

„Córdoba war einst die Hauptstadt des maurischen Spanien und das Zentrum eines unabhängigen Kalifats." Es war der Geschichtsprofessor, der sprach, wobei er diesmal den Blick von dem Buch löste und auf Green richtete. „Der größte arabische Philosoph der westlichen Welt und Exeget der Schriften von Aristoteles, Ibn-Roshd, besser bekannt als Averroës, wurde in Córdoba geboren. Die Stadt erlebte ihre Blütezeit in der Mitte des zehnten Jahrhunderts. Sie war damals der Mittelpunkt des intellektuellen Lebens und besaß eine der größten und reichsten Bibliotheken in Europa."

„Wollen Sie andeuten, dass diese arabische Handschrift möglicherweise aus dem maurischen Córdoba stammt?", fragte Green ohne große Begeisterung. Er hatte das Buch begutachtet und war zu dem vorläufigen Ergebnis gekommen, dass es frühestens aus dem sechzehnten Jahrhundert stammte, er hatte aber keine genauere Vorstellung von dessen Inhalt; er wusste nicht mehr als das, was ihm Sr. de Burgos erzählt hatte: dass es sich um die arabische Übersetzung eines alten griechischen Manuskripts handelte, eine Erzählung oder eine Art Epos. „Nach dem, was mir der Kunde erzählt hat“, fuhr er fort, die Tatsache ignorierend, dass Galway seine letzte Frage nicht beantwortet hatte, „könnte das Buch im Mittelalter durch einen Vorfahren der Familie Lopez de Burgos in deren Besitz gelangt sein. Ich glaube das aber nicht, dafür sieht das Pergament für mich bei weitem nicht alt genug aus.“

Doch Galway hörte Green nicht mehr zu. Er hatte damit begonnen, den arabischen Text mit Hilfe einer Lupe zu entziffern. Die Handschrift war recht gut lesbar, allerdings hatte die schwarze Tinte, höchstwahrscheinlich Eisengalle, das Pergament an manchen Stellen zerfressen. Green spürte, dass die Aufmerksamkeit des Professors ganz auf die Handschrift gerichtet war, und er beschloss, dessen Konzentration nicht zu stören. Er saß einfach nur da, tief in seine eigenen Gedanken versunken, und warf hin und wieder einen Blick auf Galway. Der zeigte sich zunehmend begeistert, während er in dem Buch blätterte, offenbar um sich zunächst einen groben Überblick über den Inhalt des Textes zu verschaffen. Das Telefon auf Greens Schreibtisch klingelte zwei Mal, bevor Sandra den Anruf vom Empfang aus entgegennahm, doch keiner der beiden Männer schien Notiz davon zu nehmen.

Fast fünfzehn Minuten vergingen, bis Galway das Buch zuklappte, die Lupe langsam in seiner Tasche verstaute,

Green über den Rand seiner Lesebrille hinweg ansah und mit ruhiger, bedächtiger Stimme sagte: „Wenn es das ist, was ich vermute, dann haben Sie die Chance, ein wirklich außergewöhnliches Dokument zu erwerben."

Galways Worte überraschten den Händler antiquarischer Bücher ganz offensichtlich. Er schien über das Gehörte eher bestürzt als erfreut zu sein und brachte als Antwort nur ein schwaches „Weshalb ... was denken Sie?" hervor.

„Dieses Manuskript ist höchstwahrscheinlich ein Brief", begann Galway zu erklären, „und was der Autor erzählt, ist keineswegs ein mythologisches Epos, wie es bei oberflächlichem Lesen zunächst scheinen mag. Für den geübten Blick von jemandem mit fundiertem Wissen über die Geschichte des vorsokratischen Griechenlands und der Fähigkeit zu einigen Extrapolationen, um die Lücken zu schließen, ist das, was ich in meinen Händen halte, ein Augenzeugenbericht vom Tod des großen Philosophen und Mathematikers Pythagoras und dem Ende des Kreises seiner engsten Anhänger, der frühen Pythagoreer."

Green schwieg, als ob er darauf wartete, dass der Professor weitersprach. „Allerdings ist der Name Pythagoras nirgendwo im Text erwähnt," fuhr Galway fort, „aber das erklärt sich aus der Praxis seiner Schüler, die es aus Ehrerbietung gegenüber dem Philosophen vermieden, jemals dessen Namen auszusprechen. Überdies deutet die Tatsache, dass Pythagoras nicht namentlich genannt wird, darauf hin, dass der Autor einer seiner Anhänger war. Und sie spricht auch dafür, dass dieser Bericht sozusagen nur für den internen Gebrauch gedacht war, was übereinstimmt mit dem Gebot der Pythagoreer,

Angelegenheiten, die ihre Gemeinschaft betrafen, geheim zu halten." Er nahm seine Brille ab, bevor er fortfuhr. „Natürlich haben wir hier nur eine arabische Übersetzung der griechischen Originalschrift vor uns, die wahrscheinlich aus dem dreizehnten Jahrhundert stammt – oder vielleicht sogar eine Kopie der Übersetzung. Aber wie dem auch sei, wenn der Autor die Wahrheit schreibt und das Dokument echt ist – zwei große Wenn's, wie ich zugeben muss –, wissen wir jetzt, dass Pythagoras bei einem Brand umgekommen ist, den ein wütender Mob in dem Haus legte, in dem er und seine Anhänger sich versammelt hatten. Das Haus stand in der Stadt Kroton, im heutigen Süditalien. Die Gründe, warum er sich dort aufhielt, und der Name desjenigen, der die Menge zu dem Anschlag angestiftet hatte, werden genannt. Und ich bin sicher, dass eine gründliche Analyse des Textes – ich konnte bisher nur seine wichtigsten Aussagen entziffern – viele weitere, Historikern bisher unbekannte Details über die Umstände des Todes von Pythagoras und des Schicksals der überlebenden Schüler zu Tage bringen wird." Und mit seinen in Baumwollstoff gehüllten Fingerspitzen sanft auf das alte Pergament tippend sagte er: „Die historische Bedeutung dieses Dokuments kann jedenfalls gar nicht hoch genug eingeschätzt werden. Die ältesten noch vorhandenen Berichte dieses tragischen Ereignisses, das vermutlich um 500 vor Christus stattgefunden hat, stammen aus dem vierten Jahrhundert unserer Zeitrechnung, als fast neunhundert Jahre seit dem Vorfall vergangen waren. Und in manchen dieser Berichte ist die Rede davon, dass Pythagoras das Feuer überlebt habe und nach Metapont geflohen sei, wo er dann viele Jahre später starb."

„Was soll ich also Ihrer Meinung nach tun?“, frage Green, dessen anfängliche Aufregung sich bereits wieder gelegt hatte.

„Für den Augenblick ist es das Wichtigste für Sie, etwas Zeit zu gewinnen. Sagen Sie Sr. de Lopez, dass Sie an dem Buch interessiert sind, jedoch mehr Zeit benötigen, um es eingehend zu prüfen und das Pergament und die Tinte einigen Tests zu unterziehen – geben Sie ihm aber bloß keinen Grund zu der Annahme, sein Manuskript könnte eine historischer Paukenschlag sein, der Preis könnte leicht auf das Zwanzigfache steigen. In der Zwischenzeit werde ich so schnell wie möglich eine vollständige Übersetzung anfertigen. Sie haben eine Kopie auf Papier, oder?“

„Sicher“, sagte Green und nickte. Um das Pergament nicht unnötig dem Licht und der Wärme eines Kopiergeräts auszusetzen, hatte er es mit seiner Digitalkamera, die keinen Blitz brauchte, fotografiert. Dann hatte er die Bilder am Computer bearbeitet und Kopien von jeder der zweiundzwanzig Seiten, aus denen das Buch bestand, ausgedruckt. Er erinnerte sich jetzt, dass ihm etwas Eigenartiges aufgefallen war, als er die letzte Seite fotografierte. Der hintere Buchdeckel fehlte, was aber bei sehr alten Büchern nichts Ungewöhnliches ist. Es war etwas anderes. „Fehlen irgendwelche Seiten?“, fragte er Galway mit erregter Stimme.

Der Professor hatte bereits damit begonnen, das Buch wieder in den Leinenstoff einzuwickeln. „Schon möglich, der Klebstoff am Bundsteg ist ziemlich trocken, es könnten sich also einige Seiten gelöst haben und herausgefallen sein; aber das können Sie besser beurteilen“, sagte Galway, etwas verdutzt über die Frage.

„Ich meine, fehlen Seiten *am Ende*?", insistierte Green. „Schwer zu sagen. Weil der schützende Buchrücken fehlt, ist die letzte Seite mit verschiedenen Rückständen und Anlagerungen verunreinigt und dadurch praktisch unlesbar", sagte Galway, als er den Stoff noch einmal entfernte und die Rückseite der Handschrift zu untersuchen begann. Green, der inzwischen neben ihm stand, deutete mit dem Finger auf den Rücken des Manuskripts. „Dort, sehen Sie sich den Rücken mit Ihrer Lupe an." Galway tat, wozu er aufgefordert wurde. „Oh, verdammt!", rief er aus, „er wurde glatt durchgeschnitten!"

Sie brauchten nicht lange, um sich einen Reim auf ihre Entdeckung zu machen. Das originale Buch war in zwei dünnere Teile, „Halbbücher", getrennt worden, indem der Buchrücken der Länge nach durchschnitten wurde. Das würde das Fehlen des hinteren Buchdeckels erklären, der wahrscheinlich mit der zweiten Hälfte verbunden geblieben war. Dann wurde der Rand des verbleibenden Rückens aufgeraut und gefärbt, um ihn abgegriffen erscheinen zu lassen und um den Schnitt zu kaschieren. Schließlich wurde die letzte Seite abgeschabt und verschmutzt, um sie unlesbar zu machen. Sie waren überzeugt, dass eine genauere Untersuchung des Pergaments ihre Theorie bestätigen würde. Über die Gründe für die „chirurgische" Operation konnten sie nur spekulieren.

Green äußerte seine Vermutung: „Ich habe den Verdacht, Sr. Lopez de Burgos glaubt, dass zwei alte Halbbücher mehr wert sind als ein ganzes – was wahrscheinlich sogar zutrifft, fürchte ich."

„Wenn dem so ist, dann haben wir hier ein Beispiel für den seltenen Fall, dass das Ganze *weniger* ist als die Summe seiner Teile", sagte Galway mit einem Lächeln und fügte, wieder ernsthaft, hinzu: „Wenn Ihre Mutmaßung zutrifft, was geschah dann mit der anderen Hälfte des Dokuments?"

„Es wird wohl schon verkauft worden sein ..."

„Genau, aber es dürfte nicht als das erkannt worden sein, was es in Wahrheit ist, zumal ohne den ersten Teil. Ich frage mich, was der Verfasser noch zu sagen hatte, denn das, was wir haben, scheint ja den Hauptteil der Geschichte zu enthalten. Wahrscheinlich werden wir mehr wissen, wenn die Übersetzung vollständig ist. Ich werde gleich damit anfangen und kann sie Ihnen hoffentlich am Montag schicken."

„Das wäre großartig, aber meine größere Sorge ist Sr. de Burgos. Was, wenn er, wie ich vermute, morgen Vormittag in das Geschäft kommt und das Angebot haben will? Er könnte darauf bestehen, das Buch nach Hamburg mitzunehmen."

„Sie haben keine andere Wahl, als an Ihrer Strategie festzuhalten: Sie sind an seinem Manuskript interessiert, benötigen aber noch etwas mehr Zeit, bevor Sie ihm einen Preis nennen können. Lassen Sie ihn entscheiden, was er als Nächstes unternimmt. Ich fürchte, das liegt nicht mehr in Ihren Händen."

Als Elmer zu Hause ankam, es war schon deutlich nach zehn Uhr war er zu aufgewühlt, um zu schlafen, und er beschloss, sofort mit der Übersetzung der Handschrift zu beginnen. Er zog sich um, machte sich eine frische Kanne Tee und setzte sich an den Schreibtisch. Slipper lag auf dem verschossenen Orientteppich ausgestreckt zu seinen Füßen.

Bevor er sich an die Arbeit machte, hörte er seinen Anrufbeantworter ab. Es gab eine Nachricht von Bradley

Johnston, der sich wegen des Besuchs aus Kanada mit ihm treffen wollte, aber bis Montag nicht in der Stadt sein würde; außerdem hatte die Tierarztpraxis angerufen und ihn daran erinnert, dass Slipper fällig für seine jährlichen Spritzen war; und dann gab es noch eine neue Nachricht von David Green: *Elmer, hier ist David, Sr. de Burgos hat angerufen. Jemand ist in sein Hotelzimmer eingebrochen, und er möchte das Buch nicht mehr nach Hamburg mitnehmen. Er hat mich gebeten, es in meinem Safe aufzubewahren, bis er nächste Woche zurück ist. Ich dachte, es würde Sie freuen zu hören, dass wir ein paar zusätzliche Tage haben, um die Bewertung abzuschließen. Ich freue mich auf Ihre Übersetzung.*

6
Gefunden und verloren

Der Montag war verstrichen, und Green hatte noch nichts von Galway gehört. „Die Übersetzung nimmt vielleicht mehr Zeit in Anspruch, als der Professor angenommen hatte“, sagte er sich. Er machte sich aber keine weiteren Gedanken, denn mit dem Zusammenstellen des neuen Katalogs hatte er alle Hände voll zu tun.

Am Dienstagmorgen, fast eine Woche nach seinem ersten Anruf, erschien Alfonso Lopez de Burgos wieder in Greens Buchhandlung. Nachdem in sein Hotelzimmer eingebrochen worden war, hatte er sich drei Tage geschäftlich in Hamburg aufgehalten. Er war in ziemlich düsterer Stimmung, das Gegenteil des aufgeschlossenen Kunden, der sechs Tage zuvor mit einem alten Buch in der Aktentasche in das Geschäft spaziert war.

Weil er darauf bestanden hatte, Green unter vier Augen zu sprechen, waren sie in das kleine Zimmer gegangen, das sich neben Greens Büros befand und für solche Gelegenheiten genutzt wurde. Der Spanier war über einen Meter neunzig groß und wie ein Gewichtheber gebaut. Er hatte dunkle Augen, eine Glatze und einen dünnen, tadellos gestutzten Schnauzer. Er trug einen grauen Nadelstreifenanzug und schwarze, glänzende Schuhe. Green bot ihm einen großen Sessel am Fenster an, er selbst nahm ihm gegenüber auf dem Sofa Platz. Ein paar Stühle, ein wackliger Tisch, auf dem eine Kaffeemaschine stand, ein Aktenschrank und ein niedriges Bücherregal komplettierten die Einrichtung des Zimmers, das Green meistens zum Lesen und Entspannen nutzte.

Der Buchhändler hatte einen Angriffsplan vorbereitet. Er würde de Burgos mit dem verstümmelten Buchrücken konfrontieren und um eine Erklärung bitten, ohne ihm direkt ein Fehlverhalten vorzuwerfen. Dann würde er behaupten, dass der Verlust des zweiten Teils sich negativ auf den Wert der Handschrift auswirke – die Eröffnungssalve in der Verhandlungsschlacht, die sehr wahrscheinlich folgen würde.

Doch Sr. de Burgos' unerwarteter Zug kam Greens gut geplanter Offensive zuvor: Er hatte nämlich beschlossen, ihm in der Sache mit der fehlende Buchhälfte reinen Wein einzuschenken. Er stellte jedoch eine Bedingung: Green musste versprechen, nichts von dem weiterzuerzählen, was er zu hören bekommen würde. „Sie können auf meine absolute Diskretion zählen", versicherte Green dem Spanier, fügte jedoch rasch hinzu: „Ausgenommen natürlich, es geht um irgendwelche kriminelle Machenschaften."

„*No, no, nada criminal*, nichts Kriminelles", sagte de Burgos mit Nachdruck. Und dann fragte er: „Sind Sie ein gläubiger Mensch, Mr. Green?" Die Frage überraschte den Buchhändler. „Nun, ja ... in gewisser Weise bin ich es wahrscheinlich." Dieses halbherzige Geständnis schien seinen Kunden zu beruhigen, denn er begann augenblicklich zu sprechen. Die Geschichte, die er Green erzählte, nahm ihren Ursprung im mittelitalienischen Assisi.

Am 27. September 1997 erschütterte ein Erdbeben die Region um Assisi und verursachte schwere Schäden an der prachtvollen, im dreizehnten Jahrhundert erbauten Basilika und am Konvent des Heiligen Franziskus. Im Innern der Krypta hatten die zerborstenen Mauern eine verborgene Kammer freigegeben, in der verschiedene Reliquien und religiöse Gegenstände sowie alte Kirchenbücher und eine kleine Sammlung anderer alter Bücher gefunden wurden. Die meisten Objekte und Dokumente befanden sich in einem sehr schlechten Zustand, aber einige Gegenstände waren recht gut erhalten.

Fra Benedetto, der Chefarchivar und Bibliothekar des Klosters, vermutete, dass die Objekte zu ihrem Schutz absichtlich eingemauert worden waren, möglicherweise schon im vierzehnten oder fünfzehnten Jahrhundert. In jener Zeit waren Assisi und das benachbarte Perugia erbitterte Feinde, und die Perugianer hatten mehr als einmal die Gelegenheit beim Schopf ergriffen und die konkurrierende Stadt geplündert, wobei sie viele von deren Schätzen zerstörten oder verbrannten.

Benedetto beschloss, einige der alten Bücher zu verkaufen, um Geld für den Wiederaufbau der Basilika und die Restaurierung ihrer kostbaren, von den mittelalterlichen Meistern Giotto und Cimabue geschaffenen Fresken zu bekommen. Es wurden nur die Handschriften zum Verkauf angeboten, die nach Benedettos Einschätzung von keinem besonderen historischen Wert für die Kirche oder den Franziskanerorden waren. Die ganze Aktion musste privat und im Verborgenen durchgeführt werden, denn der Ordensbruder handelte auf eigene Faust, ohne bei den höheren Ordensbehörden um Erlaubnis zu bitten. Benedetto fühlte sich durch den Ordensgründer selbst zu seinem Handeln berufen. Nach einer Legende betete der Heilige Franziskus eines Tages in der baufälligen Kirche

San Damiano in Assisi, als eine Stimme vom Kruzifix herab ihn aufforderte: „Franziskus, geh' hin und setze mein Haus wieder instand, das du in Trümmern siehst." Der junge, impulsive Franziskus verkaufte daraufhin einige Ballen Seide aus dem Lagerhaus seines Vaters, um die Wiederinstandsetzung zu finanzieren und Gottes Wunsch zu erfüllen.

Es gab aber einen noch gewichtigeren Grund, die Gegenstände nicht offen zu verkaufen: die Frage der Besitzverhältnisse. Der Umstand, dass die Gegenstände und Dokumente im Innern der Kirche gefunden wurden, bewies nicht automatisch, dass sie der Bruderschaft gehörten. Der Versuch, die Eigentumsrechte auf korrektem Weg nachzuweisen, hätte sich sehr lang hinziehen können. So sollte es bis 1929 dauern, bis der Heilige Stuhl durch ein Konkordat, einen Vertrag zwischen dem Papst und den weltlichen Behörden, offiziell als Eigentümer des Jahrhunderte alten Franziskanerarchivs anerkannt wurde. Die Eigentumsverhältnisse vor diesem Datum blieben unklar.

Fra Benedetto hatte keine andere Wahl, als eine verdeckte Operation zu starten. Eine neue Kuppel für die Basilika war es wert, vom korrekten Weg abzuweichen. Er betete zu Gott, bat ihn um Verständnis, wenn nicht gar um Vergebung, und verfolgte seinen Plan.

Benedetto vertraute Fra Ignacio, seinem langjährigen Freund und gegenwärtigen Schatzmeister des Ordens, sein Vorhaben an. Fra Ignacio stammte aus einer alten spanischen Adelsfamilie – und er war Sr. Lopez de Burgos' älterer Bruder.

Ignacio war mit Benedettos Plan einverstanden und schlug vor, die alten Bücher mit Unterstützung seines

Bruders Alfonso zu verkaufen, eines frommen Katholiken, der viel geschäftlich unterwegs war und in den er uneingeschränktes Vertrauen hatte. Die Idee war, Alfonso zu bitten, die Bücher eines nach dem anderen an jeweils verschiedenen Orten zum Verkauf anzubieten, um keinen Verdacht zu erregen; und er sollte behaupten, dass das Dokument von einem seiner Vorfahren vor so langer Zeit erworben worden war, dass es keine Aufzeichnungen mehr darüber gab. Das Ansehen der Familie Lopez de Burgos, die ihrem Land mehr als sieben Jahrhunderte lang Generäle, Minister und Botschafter sowie der römisch-katholischen Kirche Erzbischöfe und Kardinäle geschenkt hatte, würde helfen, Alfonsos Glaubwürdigkeit zu untermauern – ungefähr so dachten sie.

Das Ganze lief nicht ganz so reibungslos, wie sie es sich vorgestellt hatten. Alfonso war es zwar gelungen, vier der fünf verfügbaren Bücher zu verkaufen. Was er Green nicht erzählte, war, dass einige angesehene Händler – ein Madrider Geschäft ausgenommen – von seiner Geschichte vom Familienbesitz nicht überzeugt waren. Sie spürten, dass an der Sache etwas faul war, und verzichteten auf den Kauf. Der Spanier war deshalb gezwungen, das Geschäft über Mittelsmänner von fragwürdiger Reputation abzuwickeln. Diese kauften im Auftrag von anonymen Sammlern auf dem Schwarzmarkt ein und würden nur einen Bruchteil des Preises bezahlen, auf den die Handschrift geschätzt wurde.

„Und wie viel Geld haben alle diese Transaktionen eingebracht, wenn ich fragen darf?“, unterbrach ihn Green. Er schätzte, dass das in seiner Obhut befindliche pythagoreische Pergament leicht dreihunderttausend Pfund einbringen könnte. Wenn die übrigen Objekte einen vergleichbaren Wert besaßen, könnten sich die Gesamteinnahmen auf mehrere Millionen belaufen.

„Ich fürchte, darüber kann ich nicht sprechen“, antwortete der Spanier und wendete sich rasch wieder seiner Geschichte zu, wohl um weitere Fragen zu vermeiden.

Das fünfte und letzte Buch war ein besonderer Fall. Die letzten acht Seiten waren in einer anderen Sprache geschrieben – Griechisch, nahm er an –, und sie enthielten einige geometrische Illustrationen oder künstlerische Darstellungen. Genau wie Green bereits vermutet hatte, hatte de Burgos diese vom Rest des Buches abgetrennt, indem er den Buchrücken der Länge nach aufschnitt. Auf diese Weise erhielt er ein weiteres „Buch“, eines mit Beispielen mittelalterlicher Kunst, von dem er hoffte, er könnte es einzeln verkaufen und die Einnahmen dadurch erhöhen.

Was de Burgos tat, war nicht unüblich. Es war in der Branche kein Geheimnis, dass es leichtfertige oder skrupellose Individuen gab, die nicht zögern würden, prachtvolle Bilder oder Illuminationen aus wertvollen Büchern auszureißen, ohne Rücksicht auf die Unversehrtheit der Originalschrift, weil sie hofften, durch den separaten Verkauf einen größeren Gewinn herausschlagen zu können.

Bei allem, was Green über den Inhalt des pythagoreischen Manuskripts wusste, irritierte ihn der Umstand, dass ein historischer Bericht mit einer Serie von Illustrationen enden sollte. Handelte es sich dabei um bloße Ausschmückungen, die nur angefertigt wurden, um das Dokument ansprechender zu machen? Oder waren sie ein wesentlicher Bestandteil der erzählten Geschichte? Und warum der Wechsel vom Arabischen zum Griechischen? Es war für römische Ausgaben nichts Ungewöhnliches, dass sie lateinische Kommentare zu einem griechischen Text enthielten, zum Nutzen derer, die Griechisch nicht lesen konnten. War der arabische Text vielleicht auch ein Kommentar zum griechischen? All dies würde er Galway fragen müssen, doch was ihn im Augenblick mehr beschäftigte, war das Schicksal der fehlenden Seiten.

„Und wo ist das zweite ‚Buch' jetzt?", fragte er.

Es gab ein längeres Schweigen, bevor de Burgos, verlegen den Blick von Green abwendend, antwortete: „Ich weiß es nicht."

„Was meinen Sie damit, Sie wissen es nicht?"

„*Me lo han robado*. Jemand hat es aus meinem Hotelzimmer gestohlen. Letzten Dienstag, als ich am Nachmittag zurück auf mein Zimmer kam, fiel mir auf, dass mein Koffer geöffnet und durchsucht worden war. Gewöhnlich bewahre ich darin keinerlei Wertgegenstände auf; alle geschäftlichen Dokumente – ich bin beruflich im Bereich Sicherheitssysteme tätig – habe ich immer in meiner Aktentasche oder auf meinem Laptop dabei." Er erzählte Green, dass er das verstümmelte Buch jedoch in seinem Koffer gelassen hatte, unauffällig verstaut zwischen Broschüren, Illustrierten und verschiedenen anderen Unterlagen, in der Annahme, es sei dort sicher. Nun war es verschwunden. „*Desapareció*. Und nur jemand, der wusste, was es war – und wie viel es wert war –, kann es an sich genommen haben."

„Haben Sie den Diebstahl der Polizei gemeldet?"

„Nein, das habe ich nicht, nicht einmal der Hotelleitung, und Sie werden verstehen, weshalb: Ich hätte einiges erklären müssen. Davon abgesehen, glaube ich nicht, dass die Polizei – oder sonst irgendjemand – mir dabei helfen kann, das Pergament zurückzubekommen.

Es dürfte für immer verschwunden sein, Mr. Green, und mir graut vor dem Augenblick, wenn ich die schlechten Nachrichten meinem Bruder überbringe. Ich schäme mich so sehr. Ich hätte niemals an dem Buch herummanipulieren dürfen, aber ich habe es getan und wurde für meine Gier bestraft."

Green wünschte sich, er könnte die Geschichte des Spaniers glauben. Aber spielte das überhaupt eine Rolle? Gelegentlich hatte er Verkäufer gebeten, ein Dokument zu unterschreiben, mit dem er sich bestätigen ließ, dass ein Buch „frei von jeglichen Rechtsansprüchen" angeboten wurde. Der Verkäufer versicherte damit, dass er der rechtmäßige Besitzer war und das Buch verkaufen durfte. Das verschaffte Green einen gewissen rechtlichen Schutz. Sr. de Burgos hatte aber zugegeben, dass ihm das Buch nicht gehörte. Andererseits könnte, falls er die Wahrheit sagte, der Franziskanerorden Anspruch auf den Band erheben, wahrscheinlich sogar mit Erfolg, und dann hätte der Orden das Recht, das Buch zu verkaufen. In diesem Fall wäre eine eidesstattliche Erklärung von Fra Benedetto oder von Fra Ignacio stellvertretend für den Orden ausreichend, und die Sache könnte unter ihnen bleiben, wenn die beiden dies wünschten.

Es gab noch ein anderes Problem. Üblicherweise versuchte Green, so wenig wie möglich zu bezahlen, wenn er ein Buch ankaufte, und einen möglichst großen Gewinn zu erzielen, wenn er es verkaufte. So funktionierten die Gesetze des Marktes nun einmal, und so sollte ein profitables Geschäft eigentlich ablaufen. Wenn aber die Geschichte so stimmte, wie sie ihm erzählte wurde, dann war das hier kein gewöhnliches Geschäft. Die katholische Kirche war darin verwickelt, und das Geld käme einer guten Sache zugute. Wie also konnte er de Burgos, der von der wahren Natur der pythagoreischen Handschrift nichts wusste, einen Preis nennen, der deutlich unter dem lag, den dieser woanders ziemlich sicher dafür bekommen würde? Wie konnte er so schamlos einen Vorteil aus der Situation ziehen? Er beschloss, dass er es nicht konnte.

„Hier ist mein Vorschlag, Sr. de Burgos." Der Spanier war ganz Ohr: „Vielleicht gibt es einen ehrenhaften Weg aus dieser Zwickmühle. Es war richtig, Green zu vertrauen", dachte er.

„Ich würde eine schriftliche Erklärung von Ihrem Bruder oder von Fra Benedetto benötigen", fuhr Green fort, „die näheren Umstände der Entdeckung und Inbesitznahme des Buches betreffend und ordnungsgemäß beglaubigt von einem Notar. Dieses Dokument sollte Sie auch dazu bevollmächtigen, es zu verkaufen."

„*Sí, sí, es posible*. Ja, ich verstehe. Ich denke, das ist machbar."

Green führte weiter aus, dass er nicht nur nicht in ein Verbrechen verwickelt werden wollte, sondern dass er sich dadurch auch vor einer geschäftlich unsauberen Operation schütze. „Denn es wäre nicht das erste Mal, dass am Ende rechtmäßige Eigentümer auftauchen und Anspruch auf ihren Besitz erheben", erklärte er. „Dann muss ein Knäuel von Verkäufen zwischen Eigentümern und Händlern rechtlich und finanziell aufgedröselt werden, mit beträchtlichen Einbußen für alle Beteiligten."

„Sie wollen also mein Buch kaufen. Wie viel bieten Sie?" Sr. de Burgos war daran gelegen, einen offiziellen Kauf abzuschließen und einen fairen, marktüblichen Preis für das Buch – oder was davon übrig war – zu bekommen.

„Ja, natürlich bin ich interessiert, aber ich möchte Ihr Buch nicht kaufen."

„Ich verstehe nicht ..."

„Ich warte noch auf den Bericht eines Experten, aber wenn das Manuskript echt ist – und ich denke, das ist es; sehr alte Pergamente sind extrem schwer zu fälschen –, schlage ich vor, es auf einer Auktion zu versteigern, die wir im Januar durchführen werden. Auf diese Weise werden Sie Ihren Gewinn maximieren, und der Heilige Franziskus wird seine Basilika schneller wiederhergestellt sehen."

De Burgos erhob sich halb aus seinem Sessel, griff mit beiden Händen Greens Arm und sagte: „Danke, danke sehr, Mr. Green." Ein Ausdruck der Erleichterung lag auf seinem großen, runden Gesicht.

„Allerdings ist da noch eine andere Sache, die ich von Ihnen benötige." Etwas in Greens Stimme schien anzudeuten, dass es ein Problem gab. Der Spanier setzte sich wieder in seinen Sessel.

„Ich kann nicht in aller Öffentlichkeit ein wichtiges Objekt verkaufen, das ohne italienische Ausfuhrgenehmigungen und die der Europäischen Union in das Vereinigte Königreich gekommen ist", sagte Green. „So sehr ich Ihnen helfen möchte, meinen guten Ruf werde ich dafür nicht aufs Spiel setzen."

De Burgos' Begeisterung verwandelte sich augenblicklich in Enttäuschung; er sah Green an, der darüber nachgrübelte, wie er seine nächste Frage am besten formulieren sollte – vielmehr wie er eine delikate Forderung als Frage tarnen könnte.

„Gibt es einen Weg, wie Ihr Bruder diese bekommen könnte?" – Green zögerte – „könnte er die nötigen Dokumente irgendwie beschaffen? Ich meine ..."

„Ich weiß, was Sie meinen", fiel ihm de Burgos mit einem verständigen Grinsen ins Wort. „Ich bin sicher, das ist machbar; der Orden hat Freunde in hohen Positionen."

„Sehr gut, dann also. Sobald Sie die eidesstattliche Erklärung und die übrigen Unterlagen haben, faxen Sie sie mir, und ich werde die nötigen Vorbereitungen für die Auktion treffen." Und, mit einem etwas unbehaglichen Gefühl, fügte er hinzu: „Mein Honorar für die Transaktion wird fünf Prozent vom Verkaufspreis betragen, was weniger ist als die übliche Kommission von sieben Prozent."

Als Alfonso Lopez de Burgos das Hauptgeschäft von David Green Rare Books & Manuscripts Limited am späten Nachmittag verließ, war er wieder ein glücklicher Mann. Sicher, es waren noch einige kleinere Hürden zu überwinden, und er musste seinem Bruder noch von dem Diebstahl erzählen, doch dank Green sah er die Dinge jetzt anders. Das Glas war nicht mehr halb leer, es war halb voll: Er schätzte sich glücklich, nur eine Hälfte der Handschrift verloren zu haben, und er hatte hochgeschraubte Erwartungen, für die andere Hälfte eine erhebliche Summe zu bekommen. Sicher, er hätte vorsichtiger sein und es im Hotelsafe deponieren sollen. Doch wie konnte er ahnen, dass jemand es in seinem Koffer finden und mitnehmen würde? Er hatte instinktiv vermutet, dass der Einbruch in sein Hotelzimmer etwas mit seiner beruflichen Tätigkeit zu tun hatte – ein Wettbewerber, der Industriegeheimnisse zu stehlen versuchte. In der Branche der Sicherheitssysteme war Spionage eine ständige Gefahr, und er war daran gewöhnt. Er hatte seine geschäftlichen Unterlagen immer bei sich, und die sensibelsten Daten waren verschlüsselt. Doch dann war ihm eine andere

Möglichkeit in den Sinn gekommen: Konnte es sein, dass, wer auch immer das alte Pergament an sich genommen hat, gezielt in sein Zimmer eingebrochen war, um danach zu suchen? Es schien kaum möglich. Niemand wusste, dass er ein wertvolles Buch dabei hatte, außer sein Bruder und Fra Benedetto natürlich. Trotzdem hatte er beschlossen, dass die andere Hälfte des Buches in Greens Geschäft sicherer aufgehoben war als auf seiner Reise nach Hamburg.

Zurück in seinem Büro stellte Green sich ähnliche Fragen: War der Eindringling hinter de Burgos' Buch her? War noch jemand anderes der pythagoreischen Handschrift auf der Spur? Warum hat er de Burgos darüber keine Fragen gestellt? „Ich muss mit Galway sprechen", sagte er sich.

Er hatte sein Büro durch die Verbindungstür betreten und saß jetzt an seinem Schreibtisch, über seine Unterhaltung mit dem Spanier grübelnd. Er drückte einen Knopf auf der Gegensprechanlage. „Sandra, würden Sie bitte Galway anrufen? Wenn Sie eine Nachricht hinterlassen, sagen Sie ihm, es ist ziemlich dringend. Danke."

Er musste nicht lange warten. „Mr. Green?", Sandras Stimme klang missmutig. „Ich habe gerade mit seinem Assistenten gesprochen. Galways Vater ist verschieden, der Professor ist in Cardiff wegen der Beisetzung."

7
Ein Todesfall in der Familie

Sir Ernest James Galway starb am 28. November 1997, dem Vorabend seines vierundneunzigsten Geburtstags, friedlich im Schlaf. Der angesehene Archäologe lebte allein in einem Einfamilienhaus mit kleinem Garten unweit des Zentrums von Cardiff. Eine Haushälterin, die jeden Freitag kam, fand den Leichnam des alten Mannes in seinem Bett und überbrachte die traurige Nachricht dessen Söhnen.

Nach den gängigen Maßstäben hatte Ernest Galway ein erfülltes und glückliches Leben. 1903 in London geboren, war er zu jung, um seinem Land im Ersten Weltkrieg zu dienen, und zu alt für den Wehrdienst während des Zweiten Weltkrieges. Er war sehr viel gereist und genoss eine lange und glänzende Karriere als Archäologe und Forschungsreisender, während der er eine Vielzahl von Preisen und Auszeichnungen erhielt. Sein Eheleben war weniger erfolgreich, aber er verstand sich auch nach seiner Scheidung weiterhin gut mit seiner früheren Frau und hatte nie den Kontakt zu seinen beiden Söhnen, John und Elmer, verloren. Diese waren jetzt gekommen, um ihm einen letzten Besuch abzustatten.

Am Dienstag, nach der Beerdigung, sahen Elmer und John die persönlichen Sachen ihres Vaters durch. Der alte

Mann hatte den größten Teil der antiken Artefakte und die meisten anderen Objekte von archäologischem Wert, die er über die Jahre gesammelt hatte, schon vor langem an Museen und Universitäten abgegeben. Unter denen, die er behalten hatte, waren mehrere knallbunte afrikanische Masken und Schilde, die eine Wand seines Arbeitszimmers schmückten. Auf seinem Schreibtisch und in einem Aktenschrank fanden sie Aufzeichnungen von seinen zahlreichen Reisen und Expeditionen: Fotografien, Notizen, Briefe, Zeichnungen, Landkarten, Verträge, Quittungen und dergleichen mehr. Sie wussten, dass ihr Vater an seinen Memoiren arbeitete, einem Projekt, das er sich vor einigen Jahren vorgenommen hatte. Er benutzte einen alten Macintosh LC, um das Manuskript abzutippen. Einen Papierausdruck, gekennzeichnet als „Kapitel 1–14, 3. Entwurf", fanden sie in einer der Schreibtischschubladen.

Der Anwalt von Ernest Galway, Robert Harris, ein Freund der Familie, war der Testamentsvollstecker. Die Bedingungen des Testaments waren eindeutig: John und Elmer erbten zu gleichen Teilen das gesamte Eigentum ihres Vaters, bis auf einen Geldbetrag von 5000 Pfund, der auf einem speziellen Konto deponiert war und der South Wales Archaeological Society als Schenkung zugute kommen sollte. Es gab eine besondere Klausel: Sollte er sterben, bevor seine Memoiren veröffentlicht wurden, waren alle damit in Verbindung stehenden Dokumente, Entwürfe, Dateien etc. Elmer zu überlassen, der dann frei über sie verfügen konnte. Bevor er aus Cardiff abreiste, regelte Elmer alles Notwendige, damit er diese Dokumente und den Computer seines Vaters nach Oxford geschickt bekommen würde.

Nachmittags rief Elmer Green an und erfuhr von Sr. de Burgos' Geschichte und der bevorstehenden Auktion. Galway seinerseits berichtete Green, dass es sich bei dem pythagoreischen Buch um die arabische Übersetzung eines Briefes von einem Schüler Pythagoras' an einen anderen handeln dürfte. „Soweit ich nach einer vorläufigen sprachwissenschaftlichen Auswertung, dem Vergleich von Wortschatz, Stil, Abkürzungen und so weiter mit verlässlichen Quellen, sagen kann", sagte er, „wurde der arabische Text um das zwölfte, dreizehnte Jahrhundert geschrieben."

„Das passt", unterbrach Green. „Ich habe gerade die Ergebnisse der Labortests an dem Pergament und der Tinte bekommen: Sie ergeben eine neunzigprozentige Wahrscheinlichkeit, dass die Handschrift irgendwann zwischen dem frühen zwölften und Mitte des dreizehnten Jahrhunderts entstanden ist."

„Ausgezeichnet", sagte Galway und fuhr fort: „Ich denke außerdem, dass die Übersetzung wahrscheinlich eine Kopie ist, denn es gibt in ihr einige Fehler, die ein Übersetzer nicht gemacht hätte, die aber leicht passieren können, wenn ein Schreiber einen Text lediglich mechanisch überträgt – das mindert aber den Wert des Buches keineswegs. Der Autor berichtet nicht nur über die Umstände des Todes von Pythagoras, er behauptet außerdem, im Besitz eines von Pythagoras selbst verfassten Dokuments zu sein, das, wie er schreibt, um jeden Preis geschützt werden muss. Das könnte ein weiterer Geschichts-Krimi werden, denn alle Autoritäten auf dem Gebiet der griechischen Antike sind sich einig: Pythagoras hat nichts Schriftliches hinterlassen. Erst nach dem Tod des Philosophen verfassten einige seiner Schüler eine

Sammlung von Zusammenfassungen und Kommentaren, weil sie fürchteten, dass die Lehren ihres Meisters für immer verloren gehen könnten. Wenn also ein Manuskript aus Pythagoras' eigener Feder – höchstwahrscheinlich eine Papyrusrolle – wirklich existiert hat, wäre dies ein Dokument von außergewöhnlicher historischer Bedeutung. Überdies fragt man sich, was ihn dazu gebracht haben könnte, es zu verfassen, denn er vermied es, seine Erkenntnisse niederzuschreiben, damit sie nicht in die Hände der Unreinen fallen konnten. Was könnte so bedeutend gewesen sein, dass er seinen Grundsatz gegen das geschriebene Wort aufgegeben hätte?"

Galway war der Meinung, dass es sich bei den fehlenden Seiten von de Burgos' Buch möglicherweise um mehr als bloß schmückendes Beiwerk handelte und dass sie Licht auf das Schicksal von Pythagoras' Rollen werfen könnten.

„Haben Sie de Burgos gefragt, ob er das Buch fotokopiert hat?"

„Nein, das habe ich nicht. Aber ich vermute, er würde es mir gesagt haben, wenn er es getan hätte."

„Warum fragen Sie ihn nicht, nur für den Fall? Es würde mich wundern, wenn die Franziskaner keine Kopie des Buches für ihr Archiv angefertigt hätten. Sie bewahren gewöhnlich alles auf."

Galway nahm an, dass er die Übersetzung bis Dienstag schaffen würde. Er würde sie dann per E-Mail an Green schicken, zusammen mit einer kurzen Zusammenfassung als Beilage zur Auktionsankündigung.

„Wie Sie sicher verstehen", sagte er zu Green, „möchte ich mir das Urheberrecht an der Übersetzung vorbehalten und möglicherweise eine kommentierte Fassung bei einigen angesehenen Fachzeitschriften zur Veröffentlichung einreichen. Ich will damit aber warten, bis wir wissen, ob wir die fehlenden Seiten oder zumindest Kopien davon bekommen können. Bis dahin ist der Text, den ich Ihnen schicken werde, ausschließlich für Ihre Augen bestimmt."

Green fragte Galway, ob das Ashmolean Museum am Kauf des Pythagoras-Buches interessiert sein könnte. „Vielleicht, aber ich habe meine Zweifel, ob es alle diese vermögenden Privatsammler überbieten kann."

Als Galway am Mittwoch wieder in seinem Oxforder Büro war, begann er die während seiner Abwesenheit eingegangenen E-Mails und auf dem Anrufbeantworter gespeicherten Nachrichten abzuarbeiten. Dann bat er Bradley Johnston, bei ihm vorbeizuschauen – er hatte Neuigkeiten für ihn.

Johnston berichtete zuerst Galway von Irena Montryans Besuch und ihrem Interesse an Manuskripten aus der Zeit Pythagoras' für ihre Ausstellung. „Was für ein Zufall", dachte Galway, dann sagte er: „Schön, wenn ich Ihnen erzähle, was ich herausgefunden habe, werden Sie der Dame aus Kanada berichten können, dass es eine Chance gibt, das zu bekommen, wonach sie sucht." Und, nach kurzem Zögern, fügte er hinzu: „Aber sagen Sie ihr, sie soll sich keine übertriebenen Hoffnungen machen."

Der Professor schien davon auszugehen, dass Johnston sich jetzt um Irenas Anliegen kümmern würde, was seinem früheren Studenten sehr recht war, denn er hatte jetzt einen Grund, mit ihr in Kontakt zu bleiben.

Als Galway an diesem Abend nach Hause kam, wurde er von einem freudigen Slipper empfangen, der von allen Seiten an ihm hochsprang. Das arme Tier hatte sich von den vier Tagen, die es im Zwinger verbracht hatte, während sein Herrchen unterwegs war, noch nicht wieder vollständig erholt. „Ich weiß, du hast mich vermisst", sagte er zu dem Hund, kniff ihm in beide Backen und schüttelte behutsam dessen Kopf. „Du hast mir auch gefehlt, alter Junge."

Er hatte Mühe einzuschlafen. Immer wieder schossen ihm Fragen durch den Kopf. Selbst wenn Pythagoras tatsächlich etwas auf Papyrus geschrieben hatte, wie groß waren die Aussichten, dass die Rolle nach 2500 Jahren immer noch existierte? Ziemlich gering, obwohl noch viel ältere ägyptische Papyri in relativ gutem Zustand gefunden wurden. „Muss um jeden Preis geschützt werden", hatte der Verfasser des antiken Briefes geschrieben. Vielleicht mussten außergewöhnliche Vorsichtsmaßnahmen getroffen werden, um den Papyrus vor dem Zahn der Zeit zu bewahren – und vor unliebsamen menschlichen Händen. Könnte dies bedeuten, dass die kostbare Rolle irgendwo versteckt war, vielleicht so gut versteckt, dass sie nie gefunden wurde? Doch wenn sie überhaupt existierte, dann musste die Rolle für jemanden geschrieben worden sein, denn weshalb hätte man sie schreiben sollen, wenn niemand sie je zu lesen bekam? Hatte Pythagoras eine Art Zeitkapsel im Sinn, die irgendwann in der Zukunft entdeckt und deren Inhalt zu einem bestimmten Zeitpunkt zum Vorschein kommen sollte? Und wenn ja, wann genau und wozu?

Galway begriff, dass er nur einen Weg gab, das herauszufinden: sich auf die Suche nach Pythagoras' Manuskript zu machen, auch wenn es nur eine geringe Aussicht auf Erfolg gab. Als hätte das Ergebnis seiner Überlegungen die Spannung von ihm genommen, die ihn wach liegen ließ, sank er augenblicklich in tiefen Schlaf.

Teil II

Ein außergewöhnlich begabter Mensch

8
Die Mission

In den Zeiten von Leukipp und Demokrit, aber auch schon vorher, befassten sich die sogenannten Pythagoreer als erste mit der Mathematik und führten sie weiter aus; und von dieser durchdrungen, glaubten sie, dass die Ursprünge der Mathematik die Ursprünge aller Dinge seien.
Aristoteles, *Metaphysik* A.5

Lysis schreckte aus dem Schlaf hoch, sein Herz klopfte, und ihm stand der Schweiß auf der Stirn. Er hatte vom Feuer geträumt – nicht zum ersten Mal. Nur schien der Traum dieses Mal so wirklich, dass er hätte schwören können, die sengende Hitze auf seinem Gesicht gespürt und die Schreie gehört zu haben, Schreie von Menschen in Angst, Hilfeschreie. Er war von seinem Wesen her Optimist und sah die Dinge gewöhnlich positiv, in letzter Zeit hatte er aber das Gefühl, dass diese Träume ein bevorstehendes Unheil ankündigten. Es war die Zeit des zweiten Jahres der 71sten Olympiade, oder 495 vor Christus.

„Könnten meine Träume ein Zeichen der Götter sein?“, fragte er sich. Vor einiger Zeit hatte er Hera, der Königin der olympischen Götter, Opfer gebracht. Wenn er sie in ihrem Tempel anbetete, der auf einem Felssporn über dem Ionischen Meer nahe der Stadt Kroton in Magna

Graecia lag, ließ er Weizen und Gerste und Kuchen als Opfergaben zurück. Er wusste, dass der Gottheit ein Tier besonders heilig war: die Kuh. Das Töten von Tieren war jedoch in der Bruderschaft – der Sekte, wie Außenstehende sie nannten – genauso verboten wie der Genuss ihres Fleisches. Wie es der Meister vorschrieb, betrat er den Tempel von der linken Seite. Und er trug ein sauberes Gewand, in dem er nicht schlief, denn Schlafen stand genau wie die Farben Schwarz oder Braun für Faulheit, während Sauberkeit als ein Zeichen von Anstand und Redlichkeit im Denken galt.

Er wünschte sich, er könnte nach Delphi reisen, um das Orakel über seine Träume zu befragen, aber im Augenblick hatte er Dringenderes zu erledigen. Der Meister hatte ihn in „einer Angelegenheit von höchster Wichtigkeit" zu sich gerufen. So hatte es Zalmoxis, der Diener des Meisters, ausgedrückt, als er die Nachricht am Abend zuvor überbrachte.

Lysis stammte aus der Stadt Tarent, nördlich von Kroton, auf einer felsigen Halbinsel gelegen. Als junger Mann war er nach Kroton gefahren, um einen Weisen namens Pythagoras zu hören, der aus einem anderen Land in die Stadt gekommen war. Groß gewachsen, redegewandt und anmutig in seinen Gesten und von der Natur mit unübertroffener Intelligenz gesegnet, hatte der weit gereiste Fremde einen starken Eindruck auf die Krotonier gemacht und innerhalb kürzester Zeit deren Wertschätzung gewonnen. Die alten Herren des regierenden Rates hatten diesen daraufhin eingeladen, Vorlesungen auch für die jüngeren Männer und die Frauen abzuhalten. Der Mann genoss ein so hohes Ansehen, dass die Menschen, unter ihnen Herrscher und Könige, von nah und fern herbeikamen, um seine wortgewaltigen Reden zu hören.

„Beobachte die Menge, die sich zu einem öffentlichen Spektakel versammelt", pflegte Pythagoras seinem Publikum zuzurufen, „und du wirst Menschen jeglicher Art und Auffassung sehen. Der eine beeilt sich, seine Waren für Geld und Profit zu verkaufen; ein anderer prahlt mit seiner Körperkraft; die Weitherzigsten jedoch finden sich zusammen, um die Landschaft, die Schönheit von Kunstwerken, die Beispiele von Heldenmut und die überlieferten dichterischen Schöpfungen zu betrachten. So sind auch in diesem Leben Menschen von unterschiedlichstem Streben versammelt. Manche werden angetrieben von dem Wunsch nach Reichtümern und Luxus, andere von der Gier nach Macht und Herrschaft und wieder andere von krankhaftem Ehrgeiz nach Ruhm. Der reinste und am wenigsten verfälschte Charakter ist jedoch derjenige, welcher sich der Betrachtung der schönsten Dinge widmet, und diesen könnte man einen Philosophen nennen. Die Erkundung des Himmels und der Sterne, die darin kreisen, ist in der Tat wunderschön, wenn wir deren Ordnung betrachten, die herrührt aus der Teilhabe an der ersten intelligiblen Essenz. Diese erste Essenz jedoch ist die Natur der Zahl und der numerischen Verhältnisse, die alles durchdringen, und aufgrund derer all jene Himmelskörper harmonisch angeordnet und angemessen geschmückt sind. Gleichermaßen schön ist die Hinwendung zur Gelehrsamkeit. Das Streben nach solcherlei ist Philosophie."

Er lehrte außerdem, dass die Seele unsterblich ist und dass sie nach dem Tod in einem anderen menschlichen Körper oder dem eines Säugetiers wiedergeboren wird. Aus diesem Grund müssten Menschen sich enthalten,

Fleisch zu essen, damit sie nicht unwissentlich ihre eigenen Eltern, Freunde oder Kinder, in anderer Gestalt, verspeisen. Auch Bohnen waren aus verschiedenen Gründen verboten, vor allem deshalb, weil man in ihnen ein zeitweiliges Gefäß für die wandernden Seelen sah, vielleicht auch aufgrund ihrer Ähnlichkeit mit dem menschlichen Hoden.

„Verunreinigt euren Leib nicht mit gottlosen Speisen", pflegte er die Menge zu ermahnen. „Wir haben Getreide; wir haben Äpfel, die schwer von den Ästen hängen, und Trauben, die aus den Reben hervorquellen. Es gibt wohlriechende Kräuter und Gemüse, die über dem Feuer gekocht und gedünstet werden können, und es fließen ausreichend Milch und nach Thymian duftender Honig. Die Erde, ihren Reichtum verschwendend, bietet uns Nahrung, die ohne Schlachten und Blutvergießen gewonnen werden kann."

Pythagoras wurde auf der Insel Samos in Ionien, einer griechischen Kolonie an der Westküste des ägäischen Meeres, geboren. Um die Mitte des sechsten Jahrhunderts vor Christus waren die einst erfolgreichen und wohlhabenden Ionier unter das Joch zunächst des Königreichs Lydien und später Persiens geraten. In einer Zeit, als die siegreichen Tage von Athen und Sparta noch in der Zukunft lagen, wurde der Ruhm des hellenischen Geistes von den in Süditalien siedelnden Griechen am Leben erhalten. Nach ihrer Unterwerfung durch die Perser wanderten viele bedeutende Ionier dorthin ab, angelockt von der Freizügigkeit und dem Reichtum der griechischen Städte, die den unteren Teil des italienischen Stiefels sprenkelten. Einer dieser Neuankömmlinge war Pythagoras. Schon bald nach seiner Ankunft in Kroton gründete er eine asketische und verschwiegene Gemeinschaft, halb wissenschaftliche Schule, halb religiöse Gemeinde, welche sich dem Studium der Zahlen widmete, die sie als „Ursprung und Wurzel aller Dinge" betrachteten. Aus Hochachtung nannten die Anhänger der Sekte Pythagoras nie beim Namen, sondern sprachen von ihm nur als „der Meister" oder „dem Menschen."

Lysis hatte sich der Gemeinschaft der Pythagoreer angeschlossen, wo er bald *Mathematikoi* oder „Student" wurde, wie die Schüler der höheren von zwei Klassen hießen. Diese wurden von Pythagoras selbst in den schwierigeren Stoffen der Geometrie, Astronomie und anderer Wissenschaften unterrichtet, während die *Akousmatikoi* oder „Zuhörer" lediglich zusammenfassende, nicht in die Tiefe gehende Vorlesungen hören konnten, die von Schülern des Meisters gehalten wurden.

Das tägliche Programm der Schüler begann mit einem einsamen Morgenspaziergang zu einem ruhigen Ort, zum Beispiel einem Tempel oder Hain. Sie gingen allein, denn es galt bei den Pythagoreern als unangemessen, sich der Konversation zu widmen oder sich in Gesellschaft zu begeben, bevor man einen Zustand der inneren Gelassenheit erlangt hatte.

Nach dem Morgenspaziergang trafen sie sich zu mehreren in einem Tempel oder an einem anderen friedlichen Ort, um über die Lehren des Meisters zu debattieren oder Vorlesungen zu hören. Anschließend widmeten sie sich der körperlichen Ertüchtigung. Die meisten von ihnen übten sich im Laufen, Ringen oder dem Springen mit Gewichten.

Ihr Mittagsmahl bestand aus Honig und Honigwaben sowie aus Brot, das aus Hirse oder Gerste gemacht war. Nachmittags gingen sie wieder spazieren, diesmal in Gruppen zu zwei oder drei Schülern, und rekapitulierten dabei noch einmal den Unterrichtsstoff und die Regeln der Gemeinschaft. Danach besuchten sie das Badehaus, um sich für die abendlichen Rituale zu reinigen.

Im Anschluss an die Waschungen versammelten sie sich im gemeinschaftlichen Speisesaal, wo Pythagoras Trank- und Rauchopfer zu Ehren der Verstorbenen und der Götter zelebrierte. Sie repräsentierten die Götter nicht durch bildliche Darstellungen von menschenähnlicher Gestalt, sondern als die Sphäre, das göttliche Gefäß, welches in seiner Form und seinem Wesen nach dem Universum glich. Diese Rituale wiederholte er drei Mal, denn der Dreifuß war das Symbol für die prophetische Kraft Apollos.

Zum Abendbrot aßen sie rohes oder gekochtes Gemüse, Käsekuchen, Weintrauben und getrocknete Feigen, höchst selten Fisch und nie Bohnen oder Fleisch; und sie tranken Wein. Der Tag endete mit dem lauten Vorlesen einiger Regeln und Maximen des Pythagoras wie: *verschlinge nicht dein Herz* (womit gemeint war, dass wir uns nicht durch Kummer und Sorgen selbst belasten sollen); *stoße dein Schwert nicht ins Feuer* (provoziere nicht einen aufgebrachten Menschen); *betrete nicht nachlässig einen Tempel und bete nicht gedankenlos*; *opfere und bete immer barfuß; bringe den Göttern deine Opfer durch das Ohr* (schmücke deine Anbetung mit Musik); *bringe den himmlischen Gottheiten eine ungerade Zahl von Opfern, den teuflischen jedoch eine gerade* (widme Gott deine unteilbare Seele; der Hölle biete deinen Körper an); *hinterlasse nicht die geringste Spur des Topfes auf der Asche* (wenn du dich wieder versöhnt hast, vergiss den Streit); *hilf dem Men-*

schen, eine Last auf sich zu nehmen, nicht aber, sich ihrer zu entledigen (fördere nicht Trägheit, sondern Tugendhaftigkeit); *schreibe nicht in den Schnee* (vertraue deine Grundsätze nicht wankelmütigen Menschen an). Danach trennten sich die Schüler und gingen jeder für sich nach Hause.

Lysis wusste sehr gut, dass manche Krotonier der Bruderschaft feindselig gegenüberstanden und zu niederen und heimtückischen Handlungen imstande waren. Einer von diesen war Hipparchos, ein ehemaliger Schüler des Meisters, der ungezügelt und öffentlich philosophiert hatte, obwohl das erste Gebot des Meisters lautete, dass über seine Lehren Stillschweigen zu halten war und sie unter keinen Umstanden den Gottlosen offenbart werden durften. Hipparchos war damals aus der Bruderschaft ausgeschlossen worden, und man hatte ihm symbolisch eine Grabstätte angelegt, auf dem die Worte „Für tot erklärt" geschrieben standen.

Noch schlimmer war es Hippasos, einem anderen frevlerischen Schüler, ergangen. Dieser hatte das Geheimnis der inkommensurablen Größen gegenüber jenen ausgeplaudert, die dessen nicht würdig waren. Die göttliche Macht war darüber so erzürnt, dass sie, als Hippasos übers Meer segelte, einen schrecklichen Sturm entfesselte, der sein Schiff gegen die spitzen Klippen der ionischen Küste warf und es mitsamt dem Gottlosen vernichtete.

Zwei Strecken werden als *inkommensurabel* (also ohne gemeinsames Maß) bezeichnet, wenn das Verhältnis ihrer Längen nicht durch einen Bruch *n*/*m* der geraden Zahlen *n* und *m* ausgedrückt werden kann. Die Pythagoreer hatten als Erste herausgefunden, dass die Seiten eines Quadrats und die Länge seiner Diagonalen inkommensurabel sind. Mit anderen Worten: Beträgt die Seite eines Quadrats, sagen wir, n Zentimeter, so entspricht die Länge der Diagonale nicht einer exakten Zahl von Zentimetern; und das gilt unabhängig von der verwendeten Längeneinheit. In der Praxis lässt sich jedoch für zwei Strecken immer ein hinreichend genaues „gemeinsames Maß" finden, wenn die Einheit nur klein genug gewählt wird. Diese empirische Tatsache dürfte zu der Auffassung geführt haben, dass Strecken immer kommensurabel sind.

Wie die Pythagoreer, beziehungsweise ein unbekannter Pythagoreer, auf die Existenz inkommensurabler Längen kam, war Gegenstand vielfältiger Spekulationen. Bei Aristoteles findet sich jedoch eine mögliche Erklärung: Seiner Aussage nach können Diagonale und Seitenlängen nicht kommensurabel sein, denn wenn sie es wären, würden die Begriffe ungerade und gerade Zahl zusammenfallen. Der Beweis knüpft an die Auffassung der frühen Pythagoreer an, dass eine Strecke aus einer unendlichen Zahl von Punkten gebildet wird, und an die Tatsache, dass deren Geometrie auf natürlichen Zahlen basiert.

Angenommen, wir bilden ein Quadrat, dessen Seiten eine ungerade Anzahl k von Punkten besitzen. Wie viele Punkte hat dessen Diagonale? Sagen wir, die Zahl der Punkte ist gleich n. Der unbekannte Pythagoreer dürfte gefolgert haben, dass n gerade sein muss, denn nach dem berühmten Lehrsatz seines Meisters gilt $n^2 = k^2 + k^2$, so dass das Quadrat von n gleich $2k^2$ und damit gerade ist und gerade Quadratzahlen das Quadrat gerader Zahlen sind. Gleichzeitig aber müsste n ungerade sein, denn wenn n gerade ist, müsste sein Quadrat ein Vielfaches von 4 sein, was $2k^2$ jedoch nicht ist.

An diesem Punkt angelangt, dürfte der Pythagoreer nicht weitergewusst haben, wie er sich einen Reim darauf machen sollte, dass eine Zahl zugleich gerade und ungerade war – eine logische Unmöglichkeit. (Für die Pythagoreer war es wichtig, ob eine Zahl gerade oder ungerade war, da deren Eigenschaft mit anderen, nichtmathematischen Vorstellungen verbunden war.) Unser unbekannter Pythagoreer – wir stellen ihn uns jung und blond vor, mit scharfem Verstand und einer Veranlagung zum Lösen kniffliger Aufgaben – dürfte also geschlossen haben, das die Diagonale *keine Zahl hat!* Es wird ihm nicht in den Sinn gekommen sein, eine Lösung des Paradoxons darin zu suchen, dass die Länge der Diagonalen eine neue Art von Zahl war, die wir heute *irrational* nennen (das heißt nicht ausdrückbar als Verhältnis n/m zweier ganzer Zahlen). Wir schreiben diese Zahl als $\sqrt{2}\,k$, wobei $\sqrt{2}$ (die Quadratwurzel von 2) das (irrationale) Maß der Diagonalen ist, wenn die Seite des Quadrats als Längeneinheit verwendet wird.

Mit dem Wissen von heute können wir uns kaum vorstellen, welche Qualen und welche Verzweiflung die Entdeckung der inkommensurablen Größen für die Pythagoreer bedeutet haben muss. Sie war nicht nur ein schwerer Schlag für ihre Lehre, dass „alles Zahl und Proportion ist". Sie dürften, da die Mathematik für sie eine Beschreibung der Wirklichkeit war, die Entdeckung als einen Widerspruch empfunden haben, der den innersten Kern der Realität betraf. Eine so schreckliche Wahrheit, dass sie um jeden Preis verborgen werden musste. Was, wenn sie über ein verbotenes Wissen gestolpert waren, von dem die Götter wollten, dass es niemals in den Besitz von Menschen gelangt? Wer weiß, welche unaussprechliche Strafe ihnen hätte widerfahren können? War Hippasos' Tod zur See vielleicht die Vergeltung der Götter für die Preisgabe dieses Geheimnisses?

Andererseits dürfte der Geist des unbekannten Pythagoreers von den Göttern gesegnet worden sein, denn er hatte nicht einfach nur eine neue Wahrheit gefunden. Er tat es allein durch die Kraft seines logischen Denkvermögens und durch etwas, was als eines der ersten Beispiele für einen mathematischen Beweis gelten darf. Die Mathematik seiner Vorgänger in Babylonien oder dem alten Indien ist reich an arithmetischen und geometrischen Fakten; diese werden jedoch nur behauptet, nie aber mit den Mitteln des logischen Arguments bewiesen. Es ist die Existenz von aus Grundprinzipien oder Axiomen abgeleiteten Beweisen, welche die Mathematik der Griechen auszeichnet, besonders diejenige in Euklids *Elementen*, die für fast zwei Jahrtausende zur Grundlage mathematischer Exaktheit wurden.

Unter den berühmtesten Bürgern von Kroton war ein reicher Aristokrat namens Cylon, ein Mann, der die Veranlagung besaß, Angriffe leicht zu nehmen und sie mit aller Härte zu parieren, und der vor nichts zurückschrecken würde, um seine Ziele zu erreichen. Da er sich nur des Besten für würdig hielt, sah er es als sein Recht an, von der Gemeinschaft der Pythagoreer aufgenommen zu werden, und suchte Pythagoras zu diesem Zweck auf.

Wer ein Mitglied der Gemeinschaft werden wollte, musste sich vor seiner Initiation einer Prüfung unterziehen, die bis zu einem Jahr dauern konnte, bevor sie abgeschlossen war. Zuvor aber studierte Pythagoras die Bewerber genau, ihre Umgangsformen, die Art zu gehen, die Bewegungen des gesamten Körpers, denn er betrachtete diese als sichtbaren Ausdruck der unsichtbaren Veranlagungen der Seele, wie das Vermögen, sich auf ernsthafte Studien einzulassen, oder die Fähigkeit, mit der Strenge eines asketischen Lebens zurecht zu kommen.

Pythagoras brauchte nicht lang, um Cylons wahres Wesen zu erkennen und diesem in deutlichen Worten zu sagen, dass eine Aufnahme in die Gemeinschaft für ihn nicht in Frage komme. Der abgewiesene Bewerber empfand dies als große Beleidigung. Er wurde wütend und heckte, wie Lysis befürchtet hatte, einen rachsüchtigen Plan gegen Pythagoras und dessen Schüler aus.

Seine Gelegenheit kam, als Kroton seinen reichen und luxuriösen Nachbarn, die Stadt Sybaris, am Golf von Tarent gelegen, in einer grausamen Schlacht besiegt und eingenommen hatte. Die Krotonier hatten viele Jahre lang Frieden und Wohlstand genossen. Aber die Menschen hatten sich verändert, und sie waren nicht mehr zufrieden mit dem alten Magistrat und der ursprünglichen Regierungsform. Nach der Einnahme von Sybaris lieferte der Unmut darüber, wie das eroberte Land aufgeteilt wurde, den Vorwand, die bestehende Verfassung in Frage zu stellen. Lysis war bei der Versammlung dabei, als über Änderungen der Verfassung debattiert wurde, etwa den Magistrat für alle Bürger zu öffnen. Als dieser Vorschlag von dem Pythagoreer Democenes abgelehnt wurde, ergriff Cylon die Gelegenheit, die Bruderschaft anzugreifen. In einer langen und scharfen Rede bezichtigte er die Pythagoreer, ihre Philosophie sei eine Verschwörung gegen die Demokratie.

Nach Cylons verleumderischer Tirade hatte sich die Menge erhoben und der Plebejer Ninon hielt ebenfalls eine Schmährede, in der er behauptete, er habe die Geheimnisse der Pythagoreer durchschaut. Dann hatte ein Schreiber begonnen, aus einem Buch mit dem Titel *Heilige Rede* vorzulesen: „Freunde sind genauso wie Götter zu verehren, andere jedoch müssen als Unmenschen behandelt werden." Eine Reihe weiterer Lügen und Erfindungen waren gefolgt: dass Pythagoras Homer dafür gepriesen habe, einen König als Hirte des Volkes zu bezeichnen – ein stillschweigendes Bekenntnis zur Aristokratie, in der es einige wenige Herrscher gibt, während die übrigen Menschen wie Vieh sind; dass Bohnen verschmäht werden sollten, weil sie bei Wahlen benutzt wurden (Wähler taten ihre Zustimmung oder Ablehnung eines Kandidaten für ein öffentliches Amt kund, indem sie eine hellfarbige beziehungsweise dunkelfarbige Bohne in eine Urne warfen), wohingegen die Pythagoreer Amtsinhaber direkt benannten; dass Herrschaft angestrebt werden sollte, weil es besser sei, für einen Tag Stier zu sein als das ganze Leben lang Ochse; und dass die Menschen daran denken sollten, dass, wenn sie ihre rechte Hand zur Abstimmung erhoben, eben diese Hand von den Pythagoreern, die Aristokraten waren, als ungültig zurückgewiesen wurde.

Das Ziel dieser von Cylon und Ninon geführten Angriffe war klar: sie sollten die Krotonier gegen den Meister und seine Schüler aufwiegeln. „Das Schlimmste wird erst noch kommen", dachte Lysis; man konnte nicht wissen, wie weit Cylon gehen würde, um Rache zu üben, und jetzt hatte er die Massen auf seiner Seite. Lysis fürchtete, dass sich eine Revolte gegen die Pythagoreer anbahnen könnte. Es bestand kein Zweifel, dass der Meister ihn in dieser Angelegenheit zu sehen wünschte.

Als Lysis an dem Haus angekommen war, wurde er am Eingang von Pythagoras' ältester Tochter Myia begrüßt.

„Der Meister erwartet Sie“, sagte sie und hielt die große Tür auf, die in den von einer hohen Mauer umgebenen Innenhof führte. Als Lysis diesen auf seinem Weg zum *Andron*, dem Empfangszimmer, durchschritt, kam er an dem Altar vorüber, der Zeus Herkeios, dem „Beschützer des ummauerten Hofes“, gewidmet war.

Zalmoxis stand in dem kleinen Vestibül. Ohne ein Wort zu sprechen, deutete er auf den angrenzenden Raum, in den Licht nur durch ein kleines Fenster zum Innenhof, das hoch oben in die Wand eingelassen war, hereinfiel. Lysis stand in der Tür und wartete auf ein Zeichen, um einzutreten. Seine Augen, die sich langsam an die Dunkelheit gewöhnten, konnten die auf einer hölzernen Bank im hinteren Teil des Zimmers sitzende langhaarige Gestalt in dem makellos weißen *Chiton*, der knöchellangen Tunika, kaum ausmachen.

„Tritt ein und nimm Platz, mein treuer Freund“, sagte Pythagoras schließlich. Er hatte Lysis' Gesichtsausdruck beobachtet. „Ich sehe sorgenvolle Gedanken dein Gemüt beschweren.“

„Sie täuschen sich nicht, Meister“, antwortete Lysis.

Er setzte sich auf einen niedrigen Stuhl, bevor er weitersprach.

„Cylon sinnt auf Rache. Er hat den Rat gegen die Bruderschaft aufgehetzt, und es könnte zu Gewalt kommen.“

„Unüberlegt zu handeln, liegt im Wesen des Narren“, war Pythagoras' gelassene Antwort.

Lysis trieb aber noch eine weitere Sorge um: „Ich habe kürzlich einige verstörende Träume gehabt, vorausahnende Träume, glaube ich. Ich fürchte um Ihr Leben, Meister.“

„Vergiss nicht, dass der Tod jeden zu sich ruft ..." Und dann fügte er in einem Tonfall, der plötzlich sanft geworden war, hinzu: „Auch ich habe Vorahnungen gehabt, und sie sind der Grund dafür, dass ich nach dir geschickt habe, Lysis, mein treuester und zuverlässigster Freund."

Lysis' einzige Reaktion war ein leichtes Neigen des Kopfes. Er fühlte sich durch das Kompliment geschmeichelt, ließ sich aber nichts anmerken.

„Worum ich dich bitten werde, weiß nur meine Tochter Myia und niemand sonst, nicht einmal meine Frau Theano noch irgendeiner meiner engsten Freunde. Keiner außer uns dreien wird in das Geheimnis eingeweiht; niemand, das heißt, bis der Richtige kommt."

Nachdenklich strich er sich über seinen weißen Bart und verstärkte dadurch noch die dramatische Wirkung, die seine Worte auf Lysis ausübten.

„Die Vorsehung hat es bisher gut mit mir gemeint", fuhr Pythagoras fort, „doch nun habe ich Zeichen von den Göttern erhalten, dass meine Seele bald aus meinem erschöpften Körper fahren und in einen anderen hinüberwandern wird, um eine Mission von allergrößter Wichtigkeit zu vollenden, und ich brauche deine Hilfe, um sie zu erfüllen."

Während er sprach, legte er seine linke Hand auf einen Gegenstand, der neben ihm auf der Bank lag, den Lysis aber erst jetzt bemerkte: einen Metallzylinder, wie er zum Aufbewahren von Papyrusrollen verwendet wurde.

„Hier ist alles aufgeschrieben, auf dieser Rolle", sagte der alte Mann und klopfte auf den Metallbehälter, „und ich muss uneingeschränkt über sie verfügen können, wenn ich ins Leben zurückkehre." Er hielt kurz inne, bevor er fortfuhr: „Du musst meine Anweisungen genauestens befolgen, falls dieses wertvolle Schriftstück verloren gehen oder, schlimmer noch, in die falschen Hände gelangen sollte."

Pythagoras wies Lysis sodann an, die Rolle an einem sicheren Ort aufzubewahren und sorgfältig zu behüten und Vorkehrungen zu treffen, dass deren sichere Verwahrung nach seinem Tod auf seinen Sohn oder seine Tochter, seine Frau oder einen zuverlässigen Freund übertragen würde. Diese Person würde Treue geloben müssen, indem sie den pythagoreischen Eid ablegte: „Ich schwöre bei dem, der unserer Seele die Tetraktys offenbart hat, dieses heiligste Symbol der Vierheit, den Ursprung all unserer Weisheit und ewigen Quell der Natur." Der neue Hüter müsste das Dokument an seine eigenen Nachkommen weitergeben, und diese wiederum den ihren und so weiter von Generation zu Generation.

Die aufeinanderfolgenden Bewahrer der Rolle würden den Schutz Apollos genießen, sie sollten aber gewarnt sein, dass der Zorn und der Fluch des Gottes über sie kommen würde, sollten sie ihre Pflichten als Wächter der kostbaren Schrift vernachlässigen, deren schützendes Siegel entfernen oder den Erfolg von Pythagoras' Mission auf irgendeine andere Weise gefährden. Die Weitergabe der Rolle von einem Wächter an den nächsten sollte so lange erfolgen, bis die Reinkarnation Pythagoras' bereit sei, die Mission zu erfüllen. Die Vorsehung würde dem betreffenden Hüter dann ein Zeichen senden, die Rolle an ihn auszuhändigen.

Lysis hatte dem Meister aufmerksam zugehört. Er war stolz, als Beschützer der Rolle ausgewählt worden zu sein, spürte jedoch gleichzeitig die große Verantwortung, die ihm auferlegt worden war. Obwohl er sich wünschte, der

Meister würde ihm etwas mehr über das Wesen der Mission sagen, wagte er nicht danach zu fragen. Aber er fühlte, dass ein Punkt der weiteren Klärung bedurfte: „Wenn die Zeit kommt, wie wird der Wächter der Rolle den Meister unter all den anderen Menschen erkennen?"

Pythagoras schien über die Frage verärgert zu sein, so als ob sein Schüler die naheliegende Antwort kennen müsste. In seiner Stimme lag jedoch nicht der geringste Anflug von Irritation, als er Lysis ansah und sagte: „Er wird ein außerordentlich begabter Mensch sein, bestens vertraut mit den Geheimnissen der Zahl, mit der viele wundervolle Dinge für alle Zeiten in Verbindung stehen werden."

9
Norton Thorp

Norton Thorp wurde im Frühling des Jahres 1936 in Moskau geboren. Er war das einzige Kind eines amerikanischen Diplomaten mittleren Alters, der seinem Land während des Kalten Krieges in der Sowjetunion diente, und einer viel jüngeren russischen Tänzerin. Nortons Eltern hatten nie geheiratet, und als Donald Thorp gemeinsam mit seinem vier Jahre alten Sohn Moskau verließ, um in die Vereinigten Staaten zurückzukehren, blieb Marina Golikova, die Mutter des Jungen, zurück, angeblich aus beruflichen Gründen. So wurde Donalds jüngere Schwester Therese, eine geschiedene Frau ohne eigene Kinder, gewissermaßen Nortons zweite Mutter – und auch sein Teilzeitvater, denn Thorps berufliche Auslandsaufenthalte trennten ihn die meiste Zeit von seinem Sohn.

Therese hatte ein auskömmliches Leben, nachdem ihr Anwalt und vorübergehender Liebhaber Morris Pringley stattliche Unterhaltszahlungen von ihrem früheren Ehemann für sie herausgeschlagen hatte. Sie war eine freundliche, kultivierte Frau in den Dreißigern, ohne besondere Talente oder Ambitionen, aber von heiterem Gemüt, das durch das Scheitern ihrer Ehe keinen Schaden genommen hatte. In ihrer neuen Rolle als Ersatzmuter von Norton schien sie die Bestimmung ihres Lebens gefunden zu haben, und sie widmete sich fortan mit der Leidenschaft und dem Eifer eines Missionars der Erziehung ihres Neffen.

Norton war kein gewöhnliches Kind. Von dem Augenblick an, als er wieder mit seiner Mutter vereint war – seine vorzeitige Geburt hatte ihn für drei Wochen in einem Brutkasten eingesperrt gehalten –, begann er untrügliche Anzeichen von Frühreife an den Tag zu legen. Er war ein überaus aufgewecktes Kind, das wenig schlief und noch weniger schrie. Seine blitzenden grünen Augen prüften ohne Unterlass die Umgebung, wobei sie jedes Detail aufsaugten und jede noch so geringe Bewegung verfolgten, und sobald jemand zu ihm sprach, war seine ganze Aufmerksamkeit auf diese Person gerichtet. Im Alter von neun Monaten redete er in vollständigen Sätzen. Mit seiner Mutter und dem Kindermädchen sprach er gewöhnlich Russisch, benutzte jedoch ausschließlich das Englische, um mit seinem Vater zu kommunizieren. Donald las seinem Sohn oft laut vor, wobei dieser still neben ihm saß und beharrlich auf die geschriebenen Wörter schaute – als wollte er sichergehen, dass die vom Vater erzählte Geschichte auch genau mit diesen übereinstimmte.

Mit drei Jahren sprach Norton Englisch und Russisch fließend, mit einem Wortschatz, der weit über das hinausging, was man von einem Kind oder selbst einem jungen Erwachsenen erwarten konnte, und als er in den Kindergarten kam, konnte er bereits ohne zu Stocken Englisch lesen. Er hielt hauptsächlich über das Telefon Kontakt zu seiner leiblichen Mutter, und die monatlichen Unterhaltungen, welche die beiden, durch einen Ozean und einen Kontinent voneinander getrennt, führten, trugen dazu bei, sein Russisch aufzufrischen. Mithilfe eines alten Bilderbuches eignete er sich außerdem gute Französischkenntnisse an. Das Buch hatte seiner Großmutter väterlicherseits, Thérèse-Marie Thorp (geborene de Sèvres), einer französischen Adligen, nach der seine Tante benannt worden war, gehört. Schon bald nachdem sie im Hauptfach französische Literatur an der University of Michigan zu studieren begonnen hatte, war die junge Therese für ein Jahr nach Paris gegangen, um ihrem Französisch den letzten Schliff zu geben, und jetzt war sie froh über die Gelegenheit, jemanden zu haben, zumal einen jungen Anfänger, mit dem sie es wieder sprechen konnte.

Musik, vor allem, aber nicht ausschließlich klassische Musik, war ein zentrales Element in Thereses Universum. Sie hatte stets ein Radiogerät oder das Vierspur-Stereosystem laufen, nicht nur wenn sie ihre täglichen Arbeiten verrichtete, sondern auch an den Abenden, die sie gewöhnlich allein vor dem Fernseher oder mit einem Buch verbrachte, während im Hintergrund die Musik spielte. Sie war Vizepräsidentin der Ann Arbor Baroque Music Association und ging regelmäßig zu Konzerten und anderen Musikveranstaltungen. Abgesehen von einigen wenigen Teilnahmen am Universitätschor während ihrer Studentenzeit verspürte sie kein Verlangen, selbst zu musizieren. Obwohl Norton in einer diesbezüglich so förderlichen Umgebung aufwuchs, zeigte er nie ernsthaftes Interesse an Musik, geschweige denn daran, selbst ein Instrument zu spielen. Auch der eine oder andere sanfte Rippenstoß seiner Tante, die ihm gern Klavierstunden gegeben hätte, führte zu keinem positiven Ergebnis.

Morris, Thereses einstmaliger Geliebter, pflegte hin und wieder auf einen Besuch vorbeizukommen und eher häufiger als gar nicht zum Mittagessen zu bleiben. Ihre kurze Affäre, die jetzt der Vergangenheit angehörte, wurde ersetzt durch eine leidenschaftslose, aber aufrichtige Kameradschaft in der auf Gegenseitigkeit beruhenden Absicht, ein allzu deutliches Gefühl von Einsamkeit abzuwehren.

Therese war eine ausgezeichnete Köchin. Ihr französischer Hintergrund hatte wahrscheinlich etwas mit der Leichtigkeit und Sicherheit zu tun, mit der sie es verstand, die verschiedenartigsten Zutaten miteinander zu kombinieren und ein überraschend wohlschmeckendes Mahl zuzubereiten, das sie mit Freuden gemeinsam mit dem entzückten Morris einnahm. Der junge Anwalt war kein Feinschmecker, wusste aber ein gutes Essen durchaus zu schätzen, besonders eines, das mit der üblichen amerikanischen Kost nicht zu vergleichen war. Es war nach einem jener vertrauten Abendessen, als sich der erste „Vorfall", wie sie es später nennen sollten, ereignete.

Morris war fünfunddreißig geworden, und Therese hatte beschlossen, zur Feier des Tages etwas Besonderes für ihn zu kochen: eine viergängige orientalische Mahlzeit. Der nachmittägliche Regen hatte die Luft abgekühlt, und der spätherbstliche Abend drohte recht frisch zu werden, trotzdem wurde der Tisch für zwei draußen gedeckt, auf der Terrasse, die an die große Küche anschloss, in der Therese wieder einmal ihre kulinarische Zauberkunst praktizierte.

Der junge Norton – er war gerade fünf Jahre alt – war schon gefüttert, gebadet, mit einem Gutenachtkuss bedacht und zum Schlafen zugedeckt worden, als Therese und Morris sich an den Tisch setzten, um ihr exotisches Festessen zu genießen. Als Vorspeise gab es gegrillte Auberginen mit Zitronenpüree, einen Aufstrich aus Fetakäse, gewürzt mit Chilipfeffer und Knoblauch, und mit Tomaten gekochtes Fleisch in Rotweinsoße. Auf ein Entree, bestehend aus Burghul, Kartoffelkuchen und mit Aprikosen gefülltem Lamm, folgte der Hauptgang: gebackener Schwertfisch mit Zitronen-Paprika-Soße auf Pilaw-Reis.

Während des gesamten extravaganten Essens war reichlich Wein geflossen. Das Dessert – Feigen an ihrem Sirup, darauf Schlagsahne und Pistazien – stand noch bevor, und die Stimmung an der von Kerzen erleuchteten Tafel war heiter.

„Also, wo hast du die Rezepte für diese exotischen und wahrscheinlich aphrodisierenden Gerichte ausgegraben? Und erzähl' mir nicht, du hättest sie dir selbst ausgedacht." Morris neckte sie, wie er es fast immer tat, wenn er leicht betrunken war.

„Nein, diesmal habe ich sie nicht selbst erfunden. Und ich habe auch keine seltsamen Sachen ins Essen getan. Ich habe die Rezepte in dem Buch von Tausendundeiner Nacht gefunden", antwortete sie, nicht abgeneigt, das Spiel mitzuspielen.

„Komm schon, es gibt keine Rezepte in dem Buch der arabischen Nächte, nur die Geschichten, die Scheherazade spinnt, damit die Neugierde des Königs ihn davon abhält, ihr den Kopf abzuhacken."

„Doch, doch, es gibt welche – zumindest in der ursprünglichen persischen Fassung. Scheherazade erzählt König Shahryar nicht nur sagenhafte Märchen, sie kocht auch die erlesensten Gerichte, um ihn bei guter Laune zu halten. Eigentlich verdankt sie ihre Rettung eher ihren Kochkünsten als dem Geschichtenerzählen. Es ist da, die Rezepte und alles, in der persischen Version. Es ist bloß in den modernen Übersetzungen verloren gegangen."

„Und du willst mir weismachen, dass du Persisch lesen kannst?“

Unter dem sternenklaren Himmel lag die Veranda jetzt in fast völliger Dunkelheit. Das Küchenlicht war bis kurz vor dem Erlöschen abgedunkelt, und nur die schwankende Flamme der halb heruntergebrannten Kerze auf dem Tisch beleuchtete den scherzhaften Austausch von Nettigkeiten zwischen den beiden Freunden. Sie konnten die Musik hören, eine Klaviersonate oder etwas in der Art, die von der Terrasse des Nachbarhauses kam.

Therese bemerkte als erste, dass etwas nicht stimmte. John und Ethel, das ältliche Paar, das nebenan wohnte, war diese Woche nicht da – sie war am Nachmittag hinübergegangen, um die Pflanzen zu gießen und nach dem Haus zu sehen. Es gab keine anderen Nachbarn ringsum; die Musik kam aus dem Innern des Hauses – ihres eigenen Hauses. Sie erinnerte sich daran, arabische Musik aufgelegt zu haben, um zusätzlich eine angenehme Atmosphäre zu schaffen, doch der tragbare Kassettenrekorder hatte sich automatisch ausgeschaltet, und außerdem – und das war noch beunruhigender – war das, was sie mit ihrem musikalisch gebildeten Gehör wahrnahm, keine Aufnahme, sondern der Klang eines wirklichen Klaviers.

Als Morris Therese endlich eingeholt hatte, stand diese im Wohnzimmer und bedeckte sich halb die Augen; in dem schwachen Licht konnte er aber nur die Silhouette im hinteren Teil des Raums erkennen. In einer Ecke, nahe am Erkerfenster, stand ein Flügel, den Therese von ihrer Mutter geerbt hatte. Das ausladende Instrument war zwar jahrelang nicht gespielt, aber durchaus nicht ganz vernachlässigt worden, denn aus selbst auferlegter Verpflichtung zum sorgsamen Umgang mit dem Instrument, das ihrer Mutter so viel bedeutet hatte, staubte sie es alle vierzehn Tage ab und ließ es gelegentlich stimmen. Und jetzt spielte *jemand* – ein sehr kleiner Jemand – auf ihm.

„Norton? Was ..." Therese konnte ihren Satz nicht zu Ende bringen. Sie versuchte zu entscheiden, welchem ihrer Sinne sie nicht trauen sollte: ihren Ohren oder ihren Augen. Norton saß in seinem hellen Pyjama auf dem Klavierschemel, seine Beinchen, zu kurz, um die Pedale zu erreichen, baumelten in der Luft, während seine kleinen Hände über die Tasten flogen und diese mit der Geschicklichkeit und Sicherheit eines versierten Pianisten drückten und wieder losließen. Therese und Morris standen fassungslos und wie versteinert da und hörten Nortons vollkommene Interpretation von etwas, was ein Teil von Theresas Gehirn als den dritten Satz von Mozarts Klaviersonate in A-Moll KV 331 erkannte, bekannt als „Türkischer Marsch", mit seinen typischen gebrochenen Akkorden mit Betonung auf den Haupttakten.

Als sie später über das Ereignis sprachen, konnten sie sich nicht darauf einigen, wie lange es gedauert hatte; sie erinnerten sich aber sehr wohl daran, dass sie während des gesamten unwirklichen Erlebnisses nur Zeugen waren, zwei stumme und ungläubige Zeugen. Sie riefen sich auch in Erinnerung, wie es endete: Norton war vom Klavierhocker heruntergeklettert, nachdem er das Stück zu Ende gespielt hatte, wobei er den Stuhl festhielt, bis sein nackter linker Fuß den Teppich erreichte, hatte dann die Stoffgiraffe gegriffen, die er in der Nähe des Flügels hatte liegen lassen, sich auf dem mit Teppich belegten Boden zusammengerollt und war schließlich, seinen Plüschgefährten umarmend, eingeschlafen.

Nach reiflichem Überlegen, Zögern und Diskutieren mit Morris entschied Therese sich dagegen, Donald etwas zu sagen, zumindest bis sie irgendeine Erklärung für das gefunden hatte, was in dieser Nacht geschehen war. Der wahre Grund ihres Schweigens war aber die Angst, von Norton getrennt zu werden, denn ihr Bruder würde seinen Sohn nicht länger jemandem anvertrauen wollen, der zu nächtlichen Halluzinationen neigte, hervorgerufen durch weiß Gott welche berauschende Substanz.

Am Tag nach dem Vorfall war Norton wieder der gewohnt gut gelaunte Junge, der aß, spielte und sich rundherum unauffällig benahm. Als Therese, nachdem sie sich versicherte hatte, dass Norton in der Nähe war, eine Aufnahme von Mozarts „Türkischem Marsch" auf der Stereoanlage abspielte, reagierte der Junge nicht anders, als er es sonst gegenüber Musik im Allgemeinen tat: mit völliger Gleichgültigkeit.

Die ersehnte Erklärung wurde nie gefunden, trotz ihrer gemeinsamen Anstrengungen, Licht in die Begebenheit zu bringen. Therese las eine Menge über Visionen, Halluzinationen und übernatürliche Phänomene, über Mozart und andere Wunderkinder; sie vertiefte sich sogar in pseudowissenschaftliche und esoterische Literatur über Zaubersprüche und Hexerei, verkniff es sich dann aber gerade noch, ihren Pfarrer zu fragen, ob Norton von einem bösen, wenn auch talentierten Geist besessen sein könnte.

Morris stellte seinerseits eigene Ermittlungen über die Feinheiten und die Unberechenbarkeit des menschlichen Gehirns an und suchte nach einer physiologischen oder psychologischen Erklärung des Rätsels. Ohne allzu viel darüber herauszubekommen, was wirklich geschehen war, hatte er einen befreundeten Psychiater – erfolglos – zu veranlassen versucht, ein Enzephalogramm für Norton zu verordnen, in der Hoffnung, es würde irgendeinen medizinischen Hinweis liefern. Er hatte außerdem vorgeschlagen, den Jungen unter Hypnose zu befragen, aber Therese wollte davon nichts wissen, weil sie die unerwünschten Nebenwirkungen fürchtete, die eine solche Behandlung in dem Jungen hervorrufen könnte. Sie hatte Hypnose immer als eine Form von mentaler Vergewaltigung angesehen, welche die Persönlichkeit eines Menschen dauerhaft verändern konnte.

Zwei Jahre nach dem Ereignis hatten Therese und Morris sich damit abgefunden, dass sie über dessen wahre Natur immer im Unklaren bleiben würden. Der rätselhafte Vorfall war ihr gemeinsames Geheimnis geworden, und mit dem Abstand, den die Zeit geschaffen hatte, konnten sie nun sogar Scherze darüber machen. „Vielleicht war es unsere Unterhaltung über Tausendundeine Nacht. Wir könnten durch Zufall einen Geist heraufbeschworen haben, der dir deinen Wunsch erfüllt hat, dass Norton Klavier spielt", sagte Morris. „Wenigstens gibst du nicht mehr meinen Kochkünsten die Schuld", antwortete Therese, „auch wenn du beschlossen hast, dich von orientalischem Essen fernzuhalten." Sie lachten. Angesichts der Tatsache, dass in Bezug auf Norton seit jener Nacht nichts Ungewöhnliches mehr geschehen war, hatten sie das Gefühl, einen Schlussstrich unter die Sache ziehen zu können – ein Gefühl, das etwa zehn Jahre später mit einem Schlag zunichte gemacht werden sollte, als sich der zweite „Vorfall" ereignete.

10
Zufallszahlen

Johanna Davidsons Begeisterung für den Zufall ging zurück auf ihren ersten Kurs in Wahrscheinlichkeit und Statistik. Was sie besonders fasziniert hatte, war die Tatsache, dass der Lehrer keine befriedigende Definition von „zufällig“ geben konnte, obwohl Begriffe wie „Zufallsvariable“ und „Zufallsstichprobe“ von zentraler Bedeutung für die Theorie sind. Später sollte sie lernen, dass es nicht an fehlenden Fachkenntnissen des Lehrers lag, sondern eher mit der Schwierigkeit zusammenhing, präzise anzugeben, was, zum Beispiel, eine zufällige Folge von Nullen und Einsen ist. Tatsächlich hat diese Frage eine lange Geschichte, und es gibt auf sie bis heute keine eindeutige Antwort.

Ein einfaches – und zudem sehr praktisches – Verfahren, eine zufällige Folge von Nullen und Einsen zu erzeugen, besteht darin, mehrmals hintereinander eine perfekt ausbalancierte (oder „faire“) Münze zu werfen und die Ergebnisse als „1“ für Zahl und „0“ für Kopf zu notieren. Nach zehn Würfen könnten wir so die Folge

0 1 0 0 1 1 0 0 1 0

erhalten haben, deren Binärzahlen (oder *bits*) ganz und gar unvorhersagbar sind: Das elfte Bit ist mit gleicher

Wahrscheinlichkeit 0 oder 1, und für jedes darauf folgende Bit gilt genau das Gleiche. Demgegenüber werden Sequenzen, die irgendein Muster oder eine Ordnung aufweisen, wie zum Beispiel

0 1 0 1 0 1 0 1 0 1 ... oder 0 1 1 0 1 1 1 0 0 1 0 1 ...

nicht als zufällig betrachtet, denn wir können vorhersagen, welches das nächste Bit sein wird. In der ersten Folge wechseln sich Nullen und Einsen ab, so dass das elfte Bit mit Sicherheit 0 sein wird, das zwölfte 1 und so weiter. Die andere Sequenz ist die Aneinanderreihung der Zahlen 0, 1, 2, 3, 4, 5, ... in ihrer binären Schreibweise, also 0, 1, 10, 11, 100, 101 usw., sodass wir sagen können, welches Bit an der Stelle $n + 1$ stehen muss, wenn wir uns die ersten n Bits ansehen.

Es gibt zwei grundsätzliche Fragen hinsichtlich binärer Zahlenfolgen: Erstens ist zu entscheiden, ob eine gegebene Sequenz von Nullen und Einsen zufällig ist oder nicht, und zweitens ist zu bestimmen, wie zufällige Sequenzen generiert werden. Antworten auf diese Fragen sind immer wichtiger geworden, seit überall Computer eingesetzt werden, um komplexe Phänomene zu simulieren, zum Beispiel die Wechselwirkungen subatomarer Partikel, die Entstehung von Galaxien oder die Folgen eines Störfalls in einem Atomreaktor. Solche Simulationen können Millionen von Zufallszahlen pro Minute benötigen, und eine zuverlässige Quelle für diese Zahlen zu haben, ist entscheidend für die Validität der Endergebnisse.

Im Jahr 1992 führten Alan Ferrenberg und David Landau, zwei Physiker an der University of Georgia,

Joanna Wong von IBM eine Computersimulation durch, um die Eigenschaft bestimmter Materialien zu studieren, wenn diese beim Abkühlen unter eine kritische Temperatur plötzlich einen magnetischen Zustand annehmen. Die Atome in einer einzelnen Lage werden durch Punkte in einem Gitter simuliert, deren Farbe die momentane magnetische Ausrichtung (Süd oder Nord) der Atome darstellt. Die Simulation wählt Atome zufällig aus und entscheidet, ob sie in demselben magnetischen Zustand verbleiben oder ob sie in den entgegengesetzten Zustand wechseln. Die Wahrscheinlichkeit, dass ein bestimmtes Atom seinen Zustand ändert, hängt vom Zustand seiner Nachbaratome und von der Temperatur ab. Das Computerprogramm berechnet diese Wahrscheinlichkeit und vergleicht sie mit einer Zufallszahl zwischen 0 und 1. Ist die Zufallszahl größer als die Wahrscheinlichkeit, behält das Atom seinen gegenwärtigen Zustand bei; andernfalls springt es in den entgegengesetzten Zustand um.

Das Programm schien reibungslos zu arbeiten, bis auf ein Problem: Das Computermodell sagte regelmäßig die falsche Temperatur für den Übergang des Materials in einen magnetischen Zustand voraus. Die Wissenschaftler spürten den Übeltäter schließlich auf: den neuen Zufallszahlengenerator des Computers. Dieser Generator war schneller und benutzte weiterentwickelte mathematische Algorithmen, und er hatte Test durchlaufen, die zeigten, dass er Zahlenfolgen produziert, die näher an der echten Zufälligkeit liegen als solche, die von Standardgeneratoren erzeugt wurden. Allerdings benahm sich der Generator, wie sich herausstellte, in der Praxis schlechter.

Johanna hatte einen Bericht über den Vorfall in der Zeitschrift *Physical Review Letters* gelesen. Er bestätigte ihre eigene Einschätzung hinsichtlich der Möglichkeit von versteckten Fehlern in den Zufallszahlengeneratoren, auf die sich die meisten Simulationsprogramme stützen. Ihre Arbeit als Systemanalytikerin hatte nicht direkt etwas mit Zufallszahlen zu tun. Sie beschäftigte sich mit der Sicherheit von Netzwerken, also damit, zum Beispiel zu verhindern, dass Unbefugte sich Zugang zu Computernetzen verschaffen und darin gespeicherte Daten stehlen oder unbrauchbar machen oder auf irgendeine andere Art den normalen Betrieb stören. Seit aber zufällig generierte Codes das mit Abstand sicherste Mittel waren, um verschlüsselte Informationen zu schützen, gab es letztlich doch eine Verbindung zwischen ihrer beruflichen Tätigkeit und dem Zufall.

Sie hatte sich mit Ferrenberg in Verbindung gesetzt, der ihr sagte, dass ihn andere Wissenschaftler kontaktiert hätten, die wegen ihrer eigenen Simulationen besorgt waren. „Das ist ein Alarmzeichen", hatte Ferrenberg gesagt. „Unglücklicherweise kommt es vor, dass angeblich hochwertige Generatoren von Zufallszahlen zu geringfügigen, aber folgenschweren Fehlern in einigen Algorithmen führen."

Die Arbeit Ferrenbergs und seiner Kollegen auf dem Gebiet der Festkörperphysik war hauptsächlich theoretischer Natur. Computersimulationen werden aber auf vielerlei Gebieten und in unterschiedlichsten Zusammenhängen routinemäßig eingesetzt, und ihre Ergebnisse führen zu Entscheidungen, die praktische Auswirkungen weit über das Labor hinaus haben. Man setzt Computermodelle ein, um die Folgen der Erderwärmung oder die Stärke und Zugbahnen von Tornados vorherzusagen oder um mehr über die Ausbreitung von Epidemien zu erfahren. Moderne Computerprogramme können heute auf einem Superrechner die Detonation einer Atombombe simulieren – eine wesentlich ökonomischere und sicherere Alternative zu einem realen Nuklearwaffentest.

Die meisten dieser Computersimulationen greifen in irgendeiner Phase auf automatisch generierte Zufallszahlen zurück, um die Elemente Wahrscheinlichkeit und Unsicherheit einzubeziehen, die in der Welt der physikalischen Phänomene allgegenwärtig sind. Werden Milliarden solcher Zufallszahlen verwendet, um die Entwicklung eines komplexen Systems zu simulieren, dann kann die Genauigkeit der Endergebnisse direkt von der Qualität der im Programm erzeugten „Zufälligkeit" abhängen. Noch schlimmer ist es, wie der von Ferrenberg berichtete Vorfall zeigt, wenn Zufallszahlengeneratoren, die in Probeläufen gut zu funktionieren schienen, in der Praxis, oder über längere Zeiträume eingesetzt, unzuverlässig werden und es keine Möglichkeit gibt, im voraus zu wissen, dass die Ergebnisse der Simulation falsch sein könnten. Doch was ist eine echte Zufallsfolge und wie können wir sie erzeugen?

In der ersten Hälfte des zwanzigsten Jahrhunderts wurden verschiedene Definitionen für „Zufallsfolge" vorgeschlagen,[3] von denen aber keine den Kernpunkt des Konzepts erfasste. Schließlich meldete sich 1965 der junge schwedische Mathematiker Per Martin-Löf mit einer ausgefeilten Definition, die zutreffend schien, zu Wort. Seine Definition wird in Verbindung mit einem von dem russischen Mathematiker Andrej Kolmogorov entwickelten Konzept besser verständlich. In den 1970er Jahren

[3] Siehe Anhang 3

definierte Kolmogorov die „Komplexität" einer endlichen binären Zahlenfolge als die Länge des kürzesten Computerprogramms, das diese ausdrucken kann. Beispielsweise besitzt eine Folge von einer Million Einsen eine sehr geringe Komplexität, denn es gibt sehr kurze Programme, die benutzt werden können, um sie zu drucken – etwa, wie in vielen Computersprachen, den Befehl: „for *i* = 1 to 1 000 000 print ‚1'." Ein solches Programm kann als „verdichtete" Version der gegebenen Zahlenfolge betrachtet werden. Dagegen ist eine Sequenz von 1 000 000 Bits, deren Komplexität nach Kolmogorov 1 000 000 ist, gänzlich „unverdichtbar": Es gibt keine kürzere Form, um sie zu beschreiben, als ihre sämtlichen eine Million Bits aufzulisten.

Jetzt erwiesen sich „Zufälligkeit" und „Inkompressibilität" als äquivalente Konzepte, das heißt: Eine infinite binäre Sequenz ist dann zufällig (im Sinne von Martin-Löf), wenn sie unverdichtbar oder inkompressibel ist. Eine unmittelbare praktische Konsequenz aus diesem Ergebnis ist, dass kein Computerprogramm eine im eigentlichen Sinn zufällige binäre Zahlenfolge generieren kann. Der Grund ist einfach: Eine beliebige Sequenz *s*, deren Bits durch das Ausführen eines Computerprogramms erzeugt wurden, ist automatisch kompressibel (weil das Programm eine verdichtete Version von *s* ist) und demzufolge nicht zufällig. Daraus folgt, dass alle in Computerprogrammen verwendeten Zufallszahlengeneratoren in Wirklichkeit *pseudo*-zufällig sind, und zwar nicht aus Mangel an Einfallsreichtum aufseiten der Mathematiker, die sie geschaffen haben, sondern aufgrund der Existenz einer essenziellen, dem Konzept der „Zufälligkeit" inhärenten Einschränkung.

Johanna war sich dieses theoretischen Hindernisses bewusst, hatte aber immer gespürt, dass es einen Weg geben könnte, es zu umgehen. Die Situation wurde noch kniffliger durch den Umstand, dass, wenngleich „fast alle“ binären Sequenzen zufällig sind, kein Algorithmus oder Computerprogramm auch nur eine einzige von diesen erzeugen konnte. Zufälligkeit ist überall vorhanden und doch nicht zu erreichen!

Es gab, wie Johanna wohl wusste, einen weiteren Aspekt der Realität, in dem Zufälligkeit allgegenwärtig war: das Gebiet der Quantenmechanik. In der klassischen Physik herrschen Determinismus und Kausalität, wohingegen Wahrscheinlichkeit nur ein bequemer Weg ist, unsere unvollständige Kenntnis der wirkenden Kräfte zu kompensieren. Selbst das durch Werfen einer Münze gewonnene Ergebnis ist grundsätzlich vorhersagbar: Wenn wir sämtliche beteiligten Variablen und deren Anfangsbedingungen kennen würden, wäre die endgültige Position der Münze durch die Bewegungsgleichungen vollständig vorherbestimmt. In der Quantenwelt dagegen treten die Ereignisse zufällig auf, und Wahrscheinlichkeit ist nicht mehr ein Ersatz für unser unvollständiges Wissen über die grundlegenden Ursachen. Es gibt keinen „Grund“ für den Zerfall eines Atoms aus einem angeregten Zustand, nur die Möglichkeit; und die den Prozess lediglich beeinflussenden „Gesetze“ drücken die Wahrscheinlichkeit aus, mit der das Ereignis zu einem bestimmten Zeitpunkt eintritt. Das war die Vorstellung von Max Born in den 1920er Jahren, die seitdem durch zahllose Experimente in vollem Umfang bestätigt, von Einstein damals aber abgelehnt wurde. In einem Brief an Born schrieb er, dass ihn die Quantenmechanik sehr beeindrucke, er aber davon überzeugt sei, dass Gott nicht würfle.

An einem bitterkalten Morgen im Februar 1998 wachte Johanna Davidson mit leichten Kopfschmerzen auf. Es vergingen einige Minuten, bis sie widerwillig aus dem Bett stieg, die Jalousien hochzog und aus dem Fenster sah. Seit dem Vortag war ohne Unterbrechung Schnee auf Boston herabgerieselt und hatte die Stadt halb unter einer weichen weißen Decke begraben. Unten in den Straßen kam der Verkehr kaum voran, während die Fußgänger sich mühsam ihren Weg durch den dreißig Zentimeter tiefen Schnee bahnten, der sich auf den Gehwegen aufgehäuft hatte.

Johanna lebte allein in einer Einzimmerwohnung im zweiten Stock eines hundert Jahre alten Sandsteingebäudes im eleganten Bostoner Back-Bay-Bezirk. Das Apartment bestand aus einer geräumigen Küche mit unverputzten Backsteinwänden, einem komplett eingerichteten Bad und einem überdimensionierten Wohnzimmer.

Ihr morgendliches Kopfweh war wahrscheinlich das Ergebnis von etwas zu viel Alkohol am Vorabend, es konnte aber genauso gut die Folge des stürmischen und abrupten Endes ihres Abends mit Kevin sein – und von der Aussicht, sich damit auseinandersetzen zu müssen, dass eine weitere Beziehung an ihrem Tiefpunkt angelangt war.

Mit vierunddreißig war Johanna noch in ihren besten Jahren. Sie war mittelgroß, hatte eine zierliche Figur, lockiges braunes Haar und ein strahlendes, intelligentes Gesicht mit einer zarten Nase und bezaubernden grauen Augen. In ihrem Beruf als IT-Beraterin war sie erfolgreich, sie unternahm viele Geschäftsreisen und hatte keine finanziellen Sorgen, in ihrem Privatleben überwogen jedoch die Tiefs bei Weitem die Hochs. Nicht dass sie wirklich ans Heiraten und Familiegründen dachte. Sie war nicht *unbedingt* darauf aus, aber sie hätte es vorgezogen, aus freier Entscheidung und nicht aufgrund von eigenen Fehlern oder aus Mangel an einem geeigneten Partner allein zu sein.

Sie duschte, machte sich eine Schale Frühstücksflocken mit reichlich Milch und nahm sie in das Wohnzimmer mit. Gut die Hälfte des geräumigen Zimmers war als Büro eingerichtet. Die Möblierung bestand aus einem alten Eichentisch, zwei Aktenschränken und einem riesigen Regal, das vor Büchern überquoll. Auf einem großen massiven Tisch an der Wand standen zwei Computer mit Breitbildmonitoren, ein Laptop, ein Drucker und verschiedene Zusatzgeräte.

Sie setzte sich an einen der Computer und loggte sich in ein Bulletin-Board-System zu Viruswarnungen ein, das sie auf ihrem Rechner eingerichtet hatte; sie wollte nachsehen, ob es noch lief. Hackern war es ein paar Mal gelungen, das elektronische Schwarze Brett außer Betrieb zu setzen, aber an diesem Morgen arbeitete die Seite fehlerfrei; der zusätzliche Schutz, den sie installiert hatte, schien Eindringlinge auf Distanz zu halten. Dann checkte sie ihre Mailbox. Es gab fünf neue Nachrichten – keine davon war von Kevin. Ihr Gesicht hellte sich auf, als sie die Nachricht von Andrew Stone sah. Andy, wie er von jedermann genannt werden wollte, war ihr früherer Doktorvater und seit jeher ihr Mentor. Als inzwischen pensionierter Professor der Computerwissenschaft an der McGill University in Montreal war er noch genauso aktiv wie immer. Von Lehrverpflichtungen und Verwaltungsaufgaben befreit, nutzte er seine scheinbar unerschöpfliche Energie nun für andere Aufgaben.

Sie öffnete per Mausklick die Nachricht. *Hallo Jo. Wo sind Sie gerade? Ich dachte, es würde Sie interessieren, dass Norton Thorp meine Einladung, einen Vortrag im Rahmen unseres kombinierten Mathe/Informatik-Seminars zu halten, angenommen hat. Hoffe Sie dort zu sehen. Herzlich, Andy.* Details über Zeit und Ort folgten.

Natürlich war sie interessiert. Norton Thorp war jedem ein Begriff, und Johanna fragte sich, obwohl sie Stones bemerkenswerte Überzeugungskraft kannte, wie er es geschafft hatte, einen solchen Superstar, der als Mathematiker eine Klasse für sich war, dazu zu bringen, einen Vortrag an der McGill zu halten. Sicher, die Universität hatte einen exzellenten Ruf, und ihr Institut für Mathematik zählte wahrscheinlich zu den zwanzig besten in Nordamerika. Thorp genoss jedoch international so großes Ansehen, dass er von Universitäten, Forschungseinrichtungen und wissenschaftlichen Labors auf der ganzen Welt angefragt wurde. Einladungen, einen Vortrag zu halten, eine Konferenz zu leiten oder auf einer Eröffnungsveranstaltung zu sprechen – ganz zu schweigen von Anfragen für Interviews und Fernsehauftritte –, prasselten wahrscheinlich ähnlich zahlreich wie Spam-Mails auf ihn ein. Und trotzdem hatte sich Thorp wider Erwarten dafür entschieden, Andys Einladung nach Montreal anzunehmen.

Johanna wollte die Gelegenheit nicht verpassen, seine Vorlesung zu hören und vielleicht das eine oder andere über Zufallszahlengeneratoren zu lernen – ein Gebiet, auf dem Thorp wie auf vielen anderen auch wichtige Beiträge geleistet hatte.

Ihre Gedanken schweiften zu ihrem Zwillingsbruder Jule, der ebenfalls Mathematiker war. Sie hatte in der letzten Zeit oft an ihn gedacht. Nicht dass sie sich wirkliche Sorgen machte, aber Jule hatte sich merkwürdig verhalten, angefangen bei seinem Weggang von der Universität für etwas, das er „einen Spezialauftrag“ in Chicago nannte. Anfangs wich er ihren Fragen aus, was die Art seines Auftrags anging, aber als er auf ihr Drängen hin schließlich alles darüber erzählte, konnte sie es nicht glauben. Die ganze Sache kam ihr verrückt vor.

11
Zufälligkeit überall

Der Hauptcampus der McGill University liegt im Zentrum von Montreal, am Fuß des Mont-Royal-Hügels, der wichtigsten Landmarke der Stadt. Gleich hinter dem halbkreisförmigen Eingangstor aus Stein und Eisen, auf der rechten Seite, liegt Burnside Hall, ein kastenartiges Betongebäude, in dem das Institut für Mathematik und Statistik untergebracht ist.

Um zwei Uhr an einem sonnigen Nachmittag Mitte April 1998 war das Auditorium Maximum von Burnside Hall schon gut besetzt, obwohl die Vorlesung laut Stundenplan erst um halb vier beginnen sollte. Der berühmte Name des Referenten hatte eine für einen mathematischen Vortrag ungewöhnlich große Menschenmenge angezogen. Der Titel des Vortrags, „Zufälligkeit im Kern der Mathematik", hatte das Interesse von hiesigen und auswärtigen Mathematikern und Computerwissenschaftlern geweckt, die vermuteten, dass Thorp einen Durchbruch beim Generieren von Zufallszahlen, einem zentralen Thema bei der Computersimulation von Phänomenen der realen Welt, bekannt geben würde.

Als Andy Stone auf das Podium trat, um einen Redner vorzustellen, der eigentlich nicht vorgestellt werden musste, waren alle verfügbaren Sitze und Stehplätze des Hörsaals besetzt. Johanna Davidson saß in einer der vordersten Reihen. Sie war zeitig gekommen und hatte gehofft, Andy würde sie dem berühmten Gast vorstellen und sie könnte ein Exemplar von *Leben eines Genies*, der gerade erschienenen Biographie Thorps, von ihm signieren lassen. Ihr früherer Lehrer war jedoch voll und ganz damit beschäftigt, sich um die zum Vortrag eingeladenen VIPs zu kümmern, zu welchen sie offensichtlich nicht gehörte.

Norton Thorp war ein geschickter Redner, der wusste, wie er seine Vorlesungen strukturieren musste, um das Interesse seiner Zuhörer wach zu halten. Er begann gewöhnlich mit einer amüsanten Anekdote oder einer intelligenten Geschichte, um das Eis zu brechen, und schraubte dann schrittweise das fachliche Niveau nach oben, bis er den Höhepunkt erreichte, eine scharfsinnige neue Formel oder ein Theorem, das nur einige wenige verstanden. Dann pflegte er aber schnell wieder von dieser konzeptuellen Höhe herabzusteigen, um den Vortrag mit einigen in einfacher Sprache vorgetragenen Bemerkungen über die Bedeutung der neuen Ergebnisse abzurunden, oft garniert mit philosophischen Betrachtungen, die jedermanns Geschmack trafen.

Als Thorp auf dem Podium erschien und zum Rednerpult ging, wurde er mit anhaltendem Applaus empfangen. Er dankte den Organisatoren und besonders Andrew Stone für die Einladung, sagte ein paar Worte darüber, wie sehr er sich freue, in Montreal zu sein, einer Stadt mit einer „in Nordamerika einzigartigen Mischung aus französischer und englischer Kultur“, und begann seinen Vortrag.

„Computer sind äußerst schnell, wenn es ums Rechnen geht, und sie übertreffen den Menschen bei der Aufgabe, sagen wir, fünfhundert Zahlen zu addieren. Aber wie steht es mit dem Addieren unendlich vieler Zahlen? Lassen Sie mich eine kleine Geschichte erzählen.

Angenommen, wir wollen das Ergebnis der abwechselnden Addition und Subtraktion aller reziproken ungeraden Zahlen herausfinden, einer unendlich langen Operation

$$1/1 - 1/3 + 1/5 - 1/7 + 1/9 - 1/11 + 1/13 - 1/15 + \ldots$$“

Die Zahlen erschienen auf der großen Projektionsfläche des Hörsaals.

„Wir könnten einen Computer benutzten, um die Rechnung durchzuführen, aber tausend Jahre und zig Milliarden Operationen später wird die Maschine immer noch versuchen, das endgültige Ergebnis herauszubekommen – obwohl natürlich keiner von uns dann noch dabei sein wird.“ Einige im Saal lachten. „Okay, lassen Sie uns fair zu der Maschine sein und zugeben, dass sie an jenem Punkt eine Antwort gefunden haben wird“, fuhr Thorp fort, „allerdings nur eine unvollständige und näherungsweise.

Im Jahr 1671, Jahrhunderte bevor der erste Computer gebaut wurde, bewies der schottische Mathematiker James Gregory, dass das Ergebnis der unendlichen Rechenoperation *exakt* $\pi/4$ ist, und stellte gleichzeitig eine ebenso elegante wie verblüffende Beziehung her zwischen elementarer Arithmetik – ganzen Zahlen, Addition, Subtraktion – und elementarer Geometrie – wie dem Verhältnis von Kreisumfang zu Kreisdurchmesser. Was lernen wir daraus? Eine Maschine kann Milliarden von Zahlen addieren, aber es braucht ein menschliches Gehirn, um eine unendliche Summe zu berechnen.“

Er drückte eine Taste seines Laptops, und „Zufälligkeit im Kern der Mathematik“ erschien auf der Leinwand. Der Vortrag hatte Fahrt aufgenommen.

„Die Wahrscheinlichkeitstheorie ist das beste Werkzeug, das der Mensch sich ausgedacht hat, um mit zufälligen Phänomenen, also Situationen, welche den Zufall einschließen, umzugehen. Das einfachste Beispiel eines zufälligen Ereignisses ist das Ergebnis beim Drehen einer ausbalancierten oder fairen Münze, die entweder auf Kopf oder auf Zahl landen kann. Wenn wir die Münze mehrmals werfen und jedes aufeinanderfolgende Ergebnis als 1 (für Kopf) und 0 (für Zahl) aufschreiben, erhalten wir eine Folge von Nullen und Einsen, wie zum Beispiel 0 0 0 1 1 0 1 1 0 1. Bei allen auf diese Weise zustande gekommenen Sequenzen handelt es sich um Zufallssequenzen. Das bedeutet, dass nur der Zufall über die Zusammensetzung der Sequenz entscheidet – und nicht, sagen wir, eine vorher festgelegte Regel.“

Nach dieser grundlegenden Einführung rief er die verschiedenen Versuche von Mathematikern in Erinnerung, zu spezifizieren, was eine zufällige Folge von Nullen und Einsen genau ist, und er gab einen Überblick der effizientesten Algorithmen, die benutzt werden, um pseudozufällige Sequenzen mit dem Computer zu generieren. „Eine echte Zufallsfolge ist gänzlich unvorhersagbar“, fuhr er fort, „sie gehorcht keinerlei Gesetz; es ist nicht etwa so, dass wir nicht klug genug sind, die Regel oder das Muster herauszufinden; *es gibt keine Regel*, und in diesem Sinn ist wahre Zufälligkeit ununterscheidbar von absolutem Chaos. Und genau diese vollkommene Abwesenheit von jeglicher Ordnung oder Struktur ist der Grund, weshalb eine echte Zufallssequenz nicht anders beschrieben werden kann als durch Aufschreiben der gesamten Sequenz.

Aber wie weit verbreitet ist Zufälligkeit? Um diese Frage zu beantworten, müssen wir zuerst einen Abstecher in die Computertheorie machen." Das freundlich wirkende Gesicht eines tief in Gedanken versunkenen jungen Mannes erschien auf der Leinwand.

„Im Sommer 1935 ließ sich ein junger Cambridge-Absolvent, der über eine Frage in den Grundlagen der Mathematik nachdachte, eine ideale Rechenmaschine einfallen, die in der Lage war, Operationen jedes beliebigen Rechengeräts nachzuahmen. Der junge Absolvent war Alan Turing, der brillante britische Mathematiker, der wesentlich zur Entschlüsselung des deutschen Enigma-Codes während des Krieges beitrug und der als Wegbereiter des Computerzeitalters gilt.

Da Turings ideale Maschine mindestens so leistungsfähig ist wie jede reale, ist zu allem, was die Turingmaschine nicht kann, auch kein realer Computer – heute oder in der Zukunft – in der Lage. Wie Turing zeigte, betraf eines der Probleme, die sein idealer Computer nicht lösen kann, das automatische Überprüfen von Computersoftware. Es ist das Problem, im Voraus festzustellen, ob ein Computerprogramm, wenn es ausgeführt wird, mit seinen Rechenoperationen irgendwann zu einem Ende gelangt und anhält, oder ob es dazu bestimmt ist, immer weiterzulaufen – das sogenannte Halteproblem.

Viele Jahre später, von den frühen 1970er Jahre an, interessierte sich der IBM-Mathematiker Gregory Chaitin erneut für das Halteproblem. Er nahm sich alle Programme vor, die auf der Turingmaschine ausgeführt werden konnten, und stellte die folgenden Fragen: Was ist die

Wahrscheinlichkeit, dass eines dieser Programme, zufällig ausgewählt, anhalten wird? Er kam auf eine Zahl, die er Omega nannte und deren Ziffern eine echte Zufallsfolge in dem Sinn bilden, als diese keine Regelmäßigkeit oder Struktur welcher Art auch immer aufwies. Chaitin beschrieb Omega als Folge von Nullen und Einsen, in welcher jede Ziffer zu ihrer Vorgängerin genauso in keinerlei Beziehung steht wie der Wurf einer Münze zum nächsten Wurf. Er präsentierte Omega als ein ausgezeichnetes Beispiel für etwas in der Mathematik, das nicht berechenbar und darum unwissbar ist.

Chaitin ließ es jedoch dabei nicht bewenden. Er begann nach anderen Gebieten in der Mathematik zu suchen, in denen Zufälligkeiten auftreten könnten, und fand heraus, dass dies in deren elementarster Teildisziplin der Fall ist: der Arithmetik. Wenn aber Zufälligkeit auf der grundlegendsten mathematischen Ebene anzutreffen war, dann, so ahnte er, musste sie überall vorkommen; dann musste Zufälligkeit das wahre Fundament der Mathematik sein. In Chaitins eigenen Worten: ‚Gott würfelt nicht nur in der Physik, sondern auch in der reinen Mathematik. Mathematische Wahrheit ist manchmal nicht mehr als ein perfekter Münzenwurf.'

Hatte Chaitin Recht? Die Frage blieb viele Jahre offen, aber eine neue Arbeit zweier Mathematiker von der University of Berkeley untermauert die Vorstellung, dass Zufälligkeit – sprich, Unvorhersehbarkeit – in der reinen Mathematik ebenso verbreitet ist wie in der theoretischen Physik."

Er machte eine Pause und sah ins Publikum. Jedes Augenpaar im Raum war auf den Redner gerichtet. Es war so still, dass man das Kühlgebläse des Projektors hören konnte. Zehn lange Sekunden verstrichen, bis Thorp in feierlichem, der Situation angemessenem Tonfall weitersprach.

„Ich habe jetzt einen unwiderlegbaren Beweis dafür gefunden, dass Zufälligkeit, wie Chaitin vermutete, im innersten Kern der Mathematik zu finden ist", verkündete er, „und die Auswirkungen dieser Tatsache sind äußerst weitreichend. Es bedeutet, dass wir in der Lage sein mögen, einige Theoreme zu beweisen, einige Fragen zu beantworten, aber die ganz große Mehrheit der mathematischen Probleme ist im Grunde genommen unlösbar. Es bedeutet, wie einer meiner Kollegen es formuliert hat, dass vielleicht ein paar Bits Mathe auseinander hervorgehen, für die meisten mathematischen Sachverhalte solche Beziehungen aber nicht existieren, weil die Mathematik voller zufälliger, nicht begründeter Wahrheiten ist. Und wenn man keine Beziehungen herstellen kann, dann kann man nichts lösen oder beweisen. Lösbare Probleme sind wie eine kleine Insel in einem riesigen Ozean unentscheidbarer Behauptungen."

Als er die letzten Worte sprach, erschien die Luftaufnahme einer Insel mit der Beschriftung „Lösbare Probleme" auf der Projektionsfläche. Langsam begann die Kamera sich wegzubewegen, sodass um die Insel herum immer mehr Wasser zu sehen war, bis das Wasser, mit der darin schwimmenden Beschriftung „Unlösbare Probleme" die Leinwand vollständig ausfüllte und die Insel so gut wie verschwunden war.

In den folgenden dreißig Minuten skizzierte Thorp in groben Zügen seinen Beweis: Folie um Folie voller Formeln und Gleichungen, ein Feuerwerk höchst anspruchsvoller Mathematik, begleitet von den Kommentaren und

Erklärungen des Redners. Es war eine brillante Vorstellung der Kraft des menschlichen Intellekts, der sich mit Abstraktionen beschäftigte, die er in seinem Streben nach Erkenntnis selbst geschaffen hatte.

„Der vollständige Beweis wird in den *Annals of Mathematics and Computing* erscheinen“, verkündete er fast apologetisch, als wollte er der Tatsache Rechnung tragen, dass wahrscheinlich nur ganz wenige unter den Zuhörern alle Feinheiten der Beweisführung anhand seiner notwendigerweise skizzenhaften Präsentation nachvollziehen konnten. Er sprach noch kurz über die Konsequenzen seiner Entdeckung für andere Wissenschaften, besonders die Physik, die für die Formulierung ihrer Theorien so sehr auf die Mathematik angewiesen ist, und schloss mit einer philosophischen Bemerkung.

„Unser alter Freund Pythagoras glaubte, er hätte den Schlüssel zum Geheimnis des Universums gefunden: Die Welt wird in einer systematischen und unveränderlichen Weise von Zahlen regiert. Alles ist Zahl, lehrte er, und wenn man die Geheimnisse der Zahlen entschlüsselt, kann man alles verstehen. Er würde sich wahrscheinlich im Grab umdrehen, wenn er erkennen müsste, dass die Geheimnisse der Zahlen größtenteils unzugänglich sind und das Gewebe der Wirklichkeit aus Chaos und Unvorhersehbarkeit gesponnen ist.“

Es folgten einige Augenblicke völliger Stille, als ob das Publikum der optimistischen Vorstellung, dass die meisten – wenn nicht alle – mathematischen Probleme gelöst werden könnten, seinen Respekt erweisen würde; dann brach es in stehenden Beifall aus.

Als der Applaus schwächer wurde, dankte Andy Stone dem Redner, „dass Sie uns an Ihrer bahnbrechenden

Entdeckung haben teilhaben lassen", und verkündete: „Professor Thorp beantwortet gern noch einige Fragen aus dem Publikum."

Johanna blieb über Nacht in Montreal, im Haus einer ihrer Freundinnen aus Studententagen, die jetzt Vollzeitmutter von drei Kindern war.

Am nächsten Morgen, auf der langen Fahrt zurück nach Boston, fielen ihr Thorps abschließende Bemerkungen über Pythagoras ein, und erst jetzt wurde sie sich der Übereinstimmung bewusst: Jules „Spezialauftrag" hatte ebenfalls mit Pythagoras zu tun.

12
Verschwunden

Am Freitag, dem 8. Mai 1998, war auf den Titelseiten aller großen Zeitungen diese Nachricht zu lesen:

Bekannter Mathematiker verschwunden
Der bekannte amerikanische Mathematiker Norton Thorp, international gefeiert für seine zukunftsweisenden Arbeiten auf dem Gebiet der Mathematik und der künstlichen Intelligenz, ist verschwunden. Er wurde gestern um die Mittagszeit von Mr. Frank Martino, dem Pförtner seines Apartmenthauses, zuletzt gesehen. Nach einer offenbar hitzigen Diskussion mit zwei Männern vor dem Gebäude sei Mr. Thorp von den zwei Personen in ein Auto gezwungen worden, sagte Mr. Martino. Er gab der Polizei eine Beschreibung des Wagens und der beiden Männer.
Mr. Thorp ist nicht zu seinem für den Nachmittag verabredeten Vortrag im Thomas J. Watson Research Center von IBM in Yorktown Heights, NY, erschienen, und bis zur Drucklegung dieser Zeitung ist er weder an seinen Wohnsitz in Manhattan zurückgekehrt noch hat er Kontakt zu seiner Familie aufgenommen.
Die Polizei geht von einer Entführung aus, auch wenn Mr. Thorps Familie bisher keinen Erpresserbrief oder -anruf erhalten hat.

Teil III

Eine Sekte von Neupythagoreern

13
Der Auftrag

Da sie jedoch fürchteten, dass der Name der Philosophie von den Menschen gänzlich ausgelöscht werden könnte, und dass sie den Zorn der Götter auf sich ziehen könnten, weil sie es zuließen, dass ein solch großes göttliches Geschenk zugrunde geht, fertigten sie eine Sammlung von Kommentaren und Symbolen an und sammelten die Schriften der älteren Pythagoreer und alles, was sie über die Dinge wussten. Diese Überlieferungen überließ jeder bei seinem Tod dem Sohn, der Tochter oder der Frau, zusammen mit einer strengen Verfügung, sie an niemanden außerhalb der Familie weiterzugeben. Dies wurde eine Zeitlang befolgt, und die Dokumente wurden nacheinander auf die Nachkommenschaft übertragen.
– Aus Das Leben des Pythagoras, *verfasst von dem neuplatonischen Philosophen Iamblichos (ca. 250 – ca. 325 n. Chr.)*

Die Nachrichten aus Kroton hätten verheerender nicht sein können. Archippos war wie vor den Kopf geschlagen. Er saß regungslos unter dem Ölbaum, einem von hunderten, die den Hügel überzogen, von wo aus man den prächtigen Hafen und dahinter den Meerbusen überblicken konnte. Alles Leben schien aus ihm gewichen zu sein, mit seiner linken Hand bedeckte er sein Gesicht, in der anderen hielt er noch die Papyrusrolle, die ihm sein Diener gerade überbracht hatte.

Archippos war ein *Mathematikoi*, ein Mitglied von Pythagoras' engstem Schülerkreis. Er war nach Tarent gekommen, seinem Geburtsort und einer der wichtigsten Städte Großgriechenlands, um einige Familienangelegenheiten zu regeln, die ihn länger als erwartet im Haus seiner Mutter festgehalten hatten. Wie ihm jetzt klar wurde, könnte diese Verzögerung sein Leben gerettet haben.

Bei der Rolle handelte es sich um einen Brief von Lysis, einem seiner engsten Freunde. Dieser enthielt „die traurigste aller Nachrichten": Der Meister war verschieden. Mit zittriger Hand und in der Hoffnung, dass dieser Brief Archippos vor seiner Abreise nach Kroton erreichen würde, hatte Lysis seinem Freund alles über die Umstände, die zu Pythagoras' tragischem Tod geführt hatten, schriftlich mitgeteilt. So wie Lysis befürchtet hatte, hatte der rachsüchtige Cylon seine Gefolgsleute losgeschickt, um einen feigen Angriff gegen die Bruderschaft zu führen. Die Pythagoreer hielten Rat im Haus des Milo, des berühmten krotonischen Athleten und Befehlshabers des Heeres, das Sybaris besiegt hatte, als Cylons Schergen das Gebäude in Brand steckten. Um Pythagoras die Flucht aus dem Feuer zu ermöglichen, hatten sich seine Schüler selbst in die Flammen geworfen und mit ihren Körpern eine Brücke gebildet. Doch der Mob draußen hatte das Tor versperrt, und als die im Innern des Hauses Eingeschlossenen es schließlich aufbrechen konnten, war es für viele zu spät; sie waren entweder verbrannt oder erstickt, unter ihnen auch der Meister.

Die Flammen, die stechende Hitze, die Schreie – all dies hatte Lysis schon vorher, in seinen allzu realen, die

Katastrophe vorausahnenden Träumen durchlitten. Wie vielen außer ihm und Dimachos war es gelungen, lebend zu entkommen? Er wusste es nicht. Alles, was er wusste, war, dass er immer noch in Gefahr schwebte, denn er war davon überzeugt, Cylon würde nicht ruhen, bevor er nicht die gesamte Bruderschaft ausgelöscht hätte.

Er hatte fluchtartig die Stadt verlassen und nur wenige persönliche Dinge mitgenommen. „Ich bin unterwegs nach Theben", schrieb er, „und führe ein sehr kostbares Dokument aus des Meisters Hand, das er mir anvertraut hat, mit mir. Aus Gründen, die ich nicht preisgeben kann, muss diese Rolle um jeden Preis geschützt werden, und dafür brauche ich deine Hilfe." Der Brief endete mit einem Versprechen, bald wieder zu schreiben, und einem Appell an seinen Freund, nicht nach Kroton zurückzukehren, sondern ihn stattdessen in Theben zu treffen.

Die Sonne versank rasch hinter den Hügeln und setzte mit ihren letzten Strahlen die höher aufragenden Äste des Olivenbaums in Flammen, als Archippos aufstand und zum Haus zurückging. Er hatte seine besten Jahre der Bruderschaft gewidmet und konnte sich ein Leben ohne sie kaum vorstellen. Aber noch weniger konnte er den Gedanken ertragen, dass die Lehre des Meisters und dessen großartige Entdeckungen für immer ausgelöscht waren.

Lysis hatte ein Schriftstück erwähnt. Vielleicht hatte der Meister, sein Ende vorausahnend, Anweisungen für die Bewahrung seiner Lehre hinterlassen. Archippos fasste einen Entschluss: Er würde nach Theben reisen, um Lysis zu treffen. Der Name der Philosophie durfte nicht sterben.

14
Der Leuchtturm

Als Dr. Gregory J. Trench den Telefonhörer auflegte, lächelte er zufrieden. Der vierundvierzigjährige Physiker hatte an diesem für die Jahreszeit viel zu warmen Abend Anfang Januar 1998 mit seinem Freund Leonard Richter gesprochen, der ihm erzählt hatte, was er hören wollte: Das Team war komplett. Dieses Team hatte nichts mit seinem Beruf als Mediziner zu tun, es betraf seine religiösen Überzeugungen. Und die wiederum hatten eine lange Geschichte.

Dr. Trench stammte aus einer katholischen Familie der zweiten Generation irischer Einwanderer. Sein Großvater, Tobias Trench, war 1908 aus Dublin nach Amerika gekommen und in Chicago sesshaft geworden, wo er einen kleinen Druckereibetrieb gründete, der sich auf religiöse Literatur spezialisierte. Als 1954 Gregory geboren wurde, führte sein Vater Theodore das Geschäft, zu dem inzwischen eine Buchhandlung gehörte: „Der Leuchtturm“. Außer religiösen Werken führte der Laden, der im Kellergeschoss des renovierten Wohnhauses untergebracht war, eine große Auswahl von Büchern über verwandte Themen, von Geschichte und Philosophie bis zu Astrologie und Esoterik.

Theodore und seine amerikanische Frau Mary Ann waren römisch-katholisch. Aber anders als die Frau, die sich streng an die Bräuche und Regeln ihres Bekenntnisses hielt, war Theodore nicht besonders gläubig. Die Art, wie er Religion praktizierte, schien eher eine Angelegenheit von Tradition als von Überzeugung zu sein. Obwohl die beiden Jungen und die zwei Mädchen des Paares getauft waren, sträubte sich der Vater, ihnen den katholischen Glauben aufzuzwingen. „Ich habe nicht die Absicht, meine Kinder zu indoktrinieren", pflegte er zu einer seine Worte missbilligenden und über sie enttäuschten Mary Ann zu sagen. „Sie sind intelligent genug, um ihren Weg selbst zu finden. Wozu sollte uns Gott ein Gehirn geschenkt haben, wenn wir es nicht benutzen?" Er wollte seine Kinder nicht beeinflussen, sondern ermunterte sie im Gegenteil dazu, denen, die „die absolute und letztgültige Wahrheit" in religiösen oder weltlichen Dingen predigen, zu misstrauen, aufgeschlossen zu sein und auf ihr eigenes Urteil zu vertrauen.

Gregory zeigte sich für den Rat des Vaters besonders empfänglich. Schon in frühem Alter las er mit Begeisterung, er bediente sich aus den Bücherregalen um ihn herum und er suchte die örtliche Zweigstelle der Stadtbücherei auf, wo er die Literaturgattungen fand, die im Buchladen seines Vater fehlten, hauptsächlich Belletristik und wissenschaftliche Bücher.

Gregory war das einzige von Trenchs vier Kindern, das einen akademischen Ausbildungsweg einschlug, den er 1979 als Bester seines Jahrgangs an der Northwestern University School of Medicine abschloss. In den darauf folgenden fünfzehn Jahren ging das Leben den vorhersehbaren Gang eines brillanten jungen Arztes in einer wohlhabenden Umgebung: Er absolvierte seine Praktikumszeit und seine Facharztausbildung – in Orthopädie –, trat in eine Gemeinschaftspraxis ein, verheiratete sich – mit Terry Blum, einer Steuer- und Finanzberaterin – und kaufte ein stattliches Haus in Evanston, einem Vorstadtbezirk der bürgerlichen Oberschicht im Norden von Chicago. Dr. Trenchs Arztpraxis florierte, und dank Terrys kluger Anlageentscheidungen wuchs ihr Vermögen. Es dauerte nicht lange, bis Gregory und Terry vielfache Millionäre waren.

Trotz ihres Reichtums führte das Ehepaar ein ziemlich eintöniges Leben. Sie hatten keine Kinder und gingen nicht viel unter Leute: Alles drehte sich um Arbeit, selbst in ihrer Freizeit, von gelegentlichen Urlauben und Familientreffen abgesehen. Was die Religion anging, so praktizierten sie nicht mehr den Glauben ihrer jeweiligen Eltern – Terry stammte aus einer jüdischen Familie – und auch keinen anderen Glauben. Besonders Gregory war aber geistigen oder religiösen Fragen gegenüber keineswegs gleichgültig. Tatsächlich hatte er seine Freude am Lesen nicht verloren, er war aber wählerischer geworden, was die Themen und Inhalte betraf: Er hatte ein leidenschaftliches Interesse für Religionsgeschichte entwickelt.

Er beteiligte sich außerdem regelmäßig an einem Internetforum, in dem geschichtliche, psychologische und philosophische Fragen der Religion diskutiert wurden. „Der Schmelztiegel“ war von Peter Graham, einem kanadischen Anglikanerpriester, ins Leben gerufen worden. Er hatte das Forum vor allem eingerichtet, um religiöser Intoleranz entgegenzutreten und zu einem besseren Verständnis unter den Angehörigen unterschiedlicher Glaubensrichtungen beizutragen, letztlich mit dem Ziel einer

Art Versöhnung aller Religionen. Er träumte von einer Welt ohne unfruchtbare und spaltende Auseinandersetzungen über die Frage, welche Religion die einzig „wahre" sei, einer Welt, in der Anhänger jeglicher Religion sich gegenseitig respektierten und die Lehren und Botschaften von Buddha, Moses, Jesus, Mohammed oder dem Guru Nanak gleichermaßen anerkannten.

Menschen jeglicher Herkunft sowie Atheisten und Skeptiker und auch die unvermeidlichen Spinner loggten sich in die Seite ein, manche desillusioniert, die anderen voller Hoffnung und Mitgefühl. Sie alle äußerten in dem Forum ihre Meinung und gaben Ratschläge zu den verschiedensten Fragen im Zusammenhang mit den Begriffen „Gott" und „Religion".

Es gab auch solche, die das Forum dazu benutzten, um provokative Attacken gegen jede Art von religiöser Überzeugung zu führen:

Angenommen (a) meine Religion verbietet es mir zu töten (oder Fleisch zu essen oder ... und (b) mein Gewissen verbietet es mir zu töten (oder Fleisch zu essen oder ...). Ist (a) achtbarer als (b), nur weil Religion erwähnt wird? Was ist der Unterschied zwischen einem religiösen Glauben und einem nichtreligiösen, wenn beide ernsthaft und tief empfunden werden? Wenn sich eine Person sicher ist, dass Außerirdische die Erde besucht haben oder die Amerikaner niemals auf dem Mond gelandet sind, warum sollten solche Überzeugungen weniger ernst genommen werden als, sagen wir, der Glaube an Engel oder daran, dass wir nach dem Tod in den Himmel (oder in die Hölle) kommen?

Den angeblich religiösen Charakter von Überzeugungen zu benutzen, um eine besondere Behandlung, bestimmte Privilegien oder finanzielle Vorteile für sich in Anspruch zu nehmen, ist ungerecht und diskriminierend. Wann wird die künstliche Unterscheidung zwischen religiösen und nicht-religiösen Überzeugungen endlich aufhören und werden die Rechte aller gleichermaßen respektiert werden?

Andere sprachen sich für Toleranz gegenüber unterschiedlicher Formen von Religiosität aus, wie es in dem Gedicht „Lied des Hindu“ gefordert wird, das von Karkarta Bharat, dem obersten Anführer des Hindu-Klans, um 5000 vor Christus verfasst wurde und das nach mehreren Jahrtausenden mündlicher Überlieferung in die heiligen Schriften der Veden einging:

Jeder Mensch hat seine eigenen Trittsteine, um zu dem einzigen höchsten Gott zu gelangen ...

Gottes Gnade nimmt keinen aus, nicht einmal diejenigen, die sich der Gnade Gottes entziehen wollen.

Was spielt es für eine Rolle, welche Götzen sie verehren oder vor welchen Bildnissen sie sich verneigen, solange ihr Benehmen rein bleibt.

Es darf keinen Zwang geben, jeder Mensch muss seinen Weg zu Gott frei wählen können.

Ein Hindu mag Agni (den Gott des Feuers) anbeten und alle anderen Gottheiten ignorieren. Sprechen wir ihm das Recht ab, ein Hindu zu sein?

Ein anderer mag Gott vermittels eines selbst gewählten Götzen anbeten. Sprechen wir ihm das Recht ab, ein Hindu zu sein?

Wieder ein anderer mag Gott überall finden und nicht in irgendeinem Bildnis oder Götzen. Ist er kein Hindu?

Wie kann der Weg zur Erlösung auf eine einzige Gottesanschauung und auf eine einzige Form der Gottesverehrung beschränkt sein?

Ist Gott nicht ein allliebender universaler Gott?

In Pfarrer Grahams Ablehnung dogmatischer Schranken schwang etwas von diesem 7000 Jahre alten, leidenschaftlichen Plädoyer für die Freiheit des Glaubens mit. Es ist manchmal wirklich erstaunlich, wie sich Ansichten über Jahrtausende hinweg ähneln können.

An einem Abend im Frühjahr 1994 zog der Beitrag eines gewissen Tom Riley Trenchs Aufmerksamkeit auf sich. Dieser rühmte die Verdienste des Neupythagoreismus, einer alten synkretistischen, verschiedene Glaubensrichtungen und philosophische Ansichten kombinierenden Religion, welche die Welt anhand von Zahlen und arithmetischen Beziehungen zu erklären versucht.

Die Ursprünge des Neupythagoreismus, schrieb Riley, *können bis zu einer Philosophenschule zurückverfolgt werden, die auf den Lehren des berühmten griechischen Philosophen und Mathematikers Pythagoras beruht, welche im ersten Jahrhundert nach Christus in Alexandria wieder zu Ansehen kamen. Die Einzahl, oder Monade, stand bei den Neupythagoreern für das Prinzip der Einheit des Universums und seine Bewahrung, die aus seiner Fortdauer im Immergleichen resultiert. Die Zweizahl, oder Dyade, bezeichnete das dualistische Prinzip der Vielfalt und Ungleichheit alles Teilbaren oder Veränderlichen, das einmal in einem Zustand und ein anderes Mal in einem anderen Zustand existiert. Ähnliche Vorstellungen verbanden sie mit anderen Zahlen.*

Zahlen konnten auch als geometrische Formen dargestellt werden, deren vollkommenste die Tetraktys (= Vierheit) ist. Diese besteht aus den ersten vier ganzen Zahlen, die in einem Dreieck aus zehn Punkten angeordnet sind, wobei die Zahl vier an allen drei Seiten des regelmäßigen Dreiecks repräsentiert ist.

In diesem Zusammenhang repräsentiert eins den Punkt, zwei die Linie, drei die Fläche und vier den Tetraeder, die erste dreidimensionale Form.

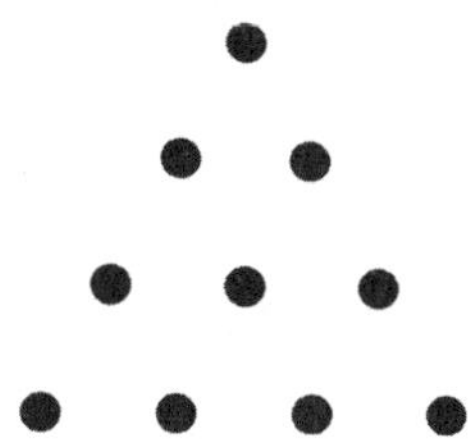

Die Tetraktys

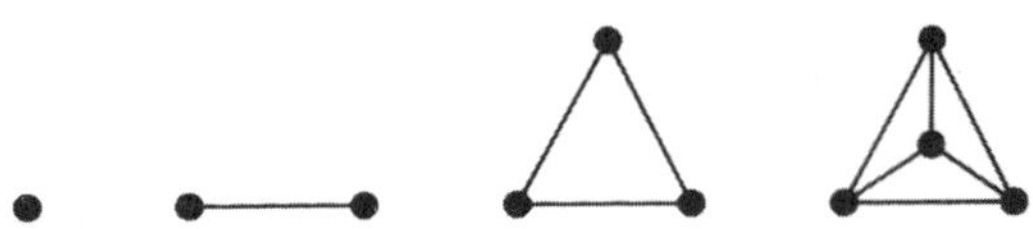

In räumlicher Hinsicht steht deshalb die Tetraktys für die Kontinuität, indem sie den dimensionslosen Punkt mit der Erscheinungsform des ersten Körpers verbindet, während in der Musik die Tetraktys die mathematischen Zahlenverhältnisse beinhaltet, die der Harmonie der Tonleiter zugrunde liegen: 1:2, die Oktave; 2:3, die reine Quinte; und 3:4, die reine Quarte. Diese mathematischen Beziehungen werden repräsentiert durch von jeder beliebigen Ecke ausgehende Linienpaare. Für die Neupythagoreer ist die Tetraktys daher das vollkommene Symbol für die numerisch-musikalische Ordnung des Kosmos.

In dem Text wurde ausgeführt, dass es für die Neupythagoreer einen grundlegenden Unterschied zwischen Seele und Körper gab. Ihre Religion war eine rein kontemplative; sie strebten nach Harmonie, Weisheit und Selbsterkenntnis und besaßen keinerlei Antrieb, die Welt zu verändern, *und in diesem Sinn ist der Neupythagoreismus eine in sich pazifistische und tolerante Religion*, schrieb Riley, *voll des Respekts gegenüber anderen Glaubensrichtungen oder Überzeugungen.* Gott muss auf spirituelle Weise durch Beten und den Willen zum Guten verehrt werden, nicht durch äußerliches Handeln. Die Seele muss durch eine asketische Lebensführung von ihrer materiellen Hülle befreit werden. Auf körperliches Wohlbehagen und sinnliche Reize muss verzichtet werden, denn sie stehen der Reinheit der Seele diametral entgegen.

Die alten Pythagoreer, fuhr Riley fort, *predigten die Vorzüge einer vegetarischen Ernährung und lehnten das Töten von Tieren und den Verzehr von Fleisch ab. Das heutige Interesse am Vegetarismus und einer humanen Einstellung gegenüber Tieren hat seine Wurzeln in den Lehren Pythagoras'. Voltaire beschrieb den Pythagoreismus als „die einzige Religion der Welt, die in der Lage war, die Gräuel des Mordens in eine kindliche Frömmigkeit und religiöses Mitgefühl zu überführen." In der Tat war, bevor um 1842 der Begriff „Vegetarier" geprägt wurde, die Bezeichnung „Pythagoreer" für diejenigen, die kein Fleisch aßen, durchaus üblich.*

Die geheimnisvollen Neupythagoreer weckten Trenchs Interesse, und er wollte mehr über die Rituale und Grundsätze ihrer alten Religion wissen. Eine Google-Suche zu „Neupythagoreismus" ergab 412 Treffer, überwiegend kurze Passagen aus wissenschaftlichen Aufsätzen oder Einträge in verschiedenen Enzyklopädien, die im Wesentlichen immer das Gleiche sagten:

Über die Anhänger dieser Schule ist nur sehr wenig bekannt. Die Neupythagoreer hatten keine Priester oder Führer außer Pythagoras selbst, der aus Ehrerbietung nie bei seinem Namen genannt wurde. Sie sprachen von ihm als „dem Menschen" oder „dem Erfinder der Tetraktys". Im ersten Jahrhundert wurde von römischen Adligen die Sekte der Neupythagoreer gegründet, die wegen ihres zwanghaften Bedürfnisses nach Geheimhaltung buchstäblich in den Untergrund gingen, um ihren Glauben zu praktizieren. Wo sich heute das historische Zentrum von Rom befindet, errichteten sie eine unterirdische Basilika, deren Überreste 1917 entdeckt wurden. Die römische Sekte verschwand im dritten Jahrhundert, man weiß jedoch, dass in der Geschichte ähnliche Gruppierungen zu verschiedenen Zeiten und an verschiedenen Orten existierten.

Nicht wirklich zufrieden mit den Ergebnissen seiner Recherche schickte Trench eine E-Mail an Riley, in der er ihn fragte, ob er von irgendeiner neupythagoreischen Gruppierung in den Vereinigten Staaten wüsste. Er vermutete, dass der Mann – wenn es sich um einen Mann handelte – selbst Mitglied eines solchen Kreises war. Rileys knappe Antwort, ein paar Tage später, war nicht eindeutig: „Es ist nicht ausgeschlossen. Woher soll ich das wissen? Diese Leute sind sehr geheimnistuerisch. Warum fragen Sie?" Gute Frage. Trench wusste keine richtige Antwort darauf oder wollte es vielleicht nicht zulassen, dass sein Interesse an dem rätselhaften Pythagoras und seinen Anhängern zur Obsession wurde. In den darauf folgenden Monaten las er alles, was er über vorsokratische Philosophie, die frühen Pythagoreer und vor allem das Leben des Pythagoras auftreiben konnte.

Im Herbst 1994 wurde Terry Trench jäh aus ihrem ruhigen und meistens glücklichen Leben gerissen. Eines Abends, als sie nach dem Joggen auf dem Weg nach Hause war, wurde sie von einem Auto erfasst, das eine rote Ampel überfahren hatte. Sie wurde unverzüglich in ein Krankenhaus gebracht, kam aber nicht wieder zu Bewusstsein und wurde zwei Stunden später für tot erklärt, der untröstliche Gregory an ihrer Seite.

Nach der Beerdigung nahm Trench eine dreiwöchige Auszeit von seiner Praxis. Terrys unerwarteter Tod sollte sich dramatisch auf sein Verhalten auswirken, oder vielleicht beschleunigte ihre Abwesenheit nur einen Prozess, der schon länger im Gang war. Innerhalb weniger Wochen veränderte sich seine Persönlichkeit radikal. Er zog sich zurück und wurde eigenbrötlerisch, und er ging sogar seinen besten Freunden aus dem Weg. Seine Eltern luden ihn ein, für einige Zeit zu ihnen nach San Diego zu kommen, wohin sie umgezogen waren, nachdem sein Vater in den Ruhestand gegangen war. Er zog es jedoch vor, zu Hause zu bleiben, zu lesen, im Internet zu surfen und in seinem gut ausgestatteten Fitnessraum im Keller zu trainieren.

Eines Morgens, als er seine E-Mails durchging, fand er eine kurze Nachricht von Riley: „Noch interessiert an alten Wahrheiten? Ich kann vielleicht helfen. Tom Riley." Es folgte ein Austausch von E-Mails und man vereinbarte ein Treffen.

Zwei Tage später, um drei Uhr nachmittags, saß Trench an einem der Tische in dem geräumigen Starbucks-Café an der Kreuzung Lake und LaSalle, im Zentrum von Chicago, vor sich einen riesigen Becher dampfenden schwarzen Kaffee. Er musste nicht lange warten. „Dr. Trench?"

Die weibliche Stimme kam von hinten. Er drehte sich um. Die Frau lächelte, amüsiert über den erschrockenen Ausdruck in seinen Augen, als sie sich vorstellte: „Ich bin Gloria Sweeny alias Tom Riley."

Sie gaben sich die Hände. Sie war eine zierliche ältere Dame, wohl auf die Siebzig zu, dunkel gekleidet und sich an einer viel zu großen Handtasche festhaltend. Sie setzte sich und begann zu sprechen, noch bevor Trench sie um eine Erklärung bitten konnte.

„Ich bin im Auftrag einer Gruppe von Leuten hier, die ... wie soll ich es sagen, gemeinsame Interessen haben. Wir nennen uns ‚Der Leuchtturm'."

Seltsam, dachte Trench. So hieß der Buchladen seines Vaters, bis der ihn verkaufte, als er in den Ruhestand ging.

„Wir glauben", fuhr Ms. Sweeny fort, „dass Sie daran interessiert sein könnten, bei einem unserer Projekte mitzumachen."

„Das könnte sehr gut sein, Sie müssten aber schon etwas genauer werden." Trench sagte zum ersten Mal etwas; er hatte Mühe, sich auf die neue Mr. Riley einzustellen.

„Natürlich, aber gestatten Sie mir zuerst ein Frage: Machen Sie sich Gedanken über die Zukunft unserer Erde? Ich meine, die Zukunft der Menschheit."

„Ja, natürlich. Wer tut das nicht? Aber ich sehe nicht, worauf Sie hinauswollen."

„Das werden Sie bald. Lassen Sie mich noch etwas fragen: Wenn Sie den Zustand der Welt betrachten, was sehen Sie?" Bevor er ihre Frage beantworten konnte, tat sie es selbst: „Krieg, weit verbreitete Armut, explodierendes Bevölkerungswachstum, grassierende Seuchen, religiösen Fanatismus, nukleare Verantwortungslosigkeit,

Luft-, Boden- und Wasserverschmutzung, schwindende Fischbestände und Anbauflächen, Entwaldung, globale Erwärmung. Kein sehr schönes Bild. Und wer ist Ihrer Meinung nach in der Lage, den Schlamassel, den wir angerichtet haben, wieder in Ordnung zu bringen? Staatsregierungen? Die UN? Die multinationalen Konzerne? Die Wissenschaftler? Die Kraft des Gebets? Sicherlich nicht die Kirche, deren Aufgabe ist es, Seelen zu retten und nicht den Planeten. Und noch weniger können wir auf unsere typischen Politiker zählen, die kurzsichtig sind, von Interessengruppen gelenkt, die sie gewählt haben, wenn nicht ganz und gar korrupt."

Sie zeichnete ein ziemlich düsteres Bild. Trench war immer noch nicht klar, worauf die Frau hinauswollte. Er war in der Erwartung gekommen, mehr über die alten Pythagoreer und deren Kult zu erfahren, begann sich jetzt aber zu fragen, ob er nicht seine Zeit verschwendete. Zu höflich, um einfach aufzustehen und zu gehen, fand er sich damit ab, die Dame ausreden zu lassen. Als ob sie seine Gedanken gelesen hätte, wurde sie in ihrer nächsten Frage konkreter.

„Was wissen Sie über Pythagoras, ich meine, was für eine Art Mensch er war?"

„Nun ja, nach dem, was ich gelesen habe, war er ein außergewöhnlicher Mensch, ein Mann mit vielen Talenten, ein großer Denker und ein brillanter Mathematiker. Vor allem war er ein geistiger Führer – und auch ein politischer, könnte man sagen – von überragendem Verstand und einer unwiderstehlichen Ausstrahlung. Die Persönlichkeit fasziniert mich, und ich wünschte, wir hätten heute jemanden von seinem Format."

„Ich bin völlig Ihrer Meinung! Aber warum sich mit weniger zufriedengeben als mit jemandem vom Format

Pythagoras'?" Es gab eine Pause, während Trench überlegte, was sie meinen könnte.

„Ich kann Ihnen nicht folgen ..."

„Dr. Trench, was würden Sie sagen, wenn ich Ihnen erzählen würde, dass Pythagoras in diesem Augenblick unter uns ist, irgendwo auf dieser Welt lebt? Und ich meine nicht jemanden *wie* Pythagoras, sondern er selbst."

„Jetzt bin ich völlig draußen. Ist das ein Scherz?"

„Ich war nie ernsthafter, aber ich kann Ihre Verwirrung verstehen. Ich werde Ihnen eine Geschichte erzählen. Bitte unterbrechen Sie mich nicht, bis ich mit ihr am Ende bin. Danach beantworte ich gern Ihre Fragen."

Trench nippte an seinem lauwarmen Kaffee. Die Frau kramte nach etwas in ihrer Handtasche. Ihre linke Hand kam zum Vorschein und hielt ein in Leder gehülltes Fläschchen. Ihm fiel auf, dass sie einen Silberring mit einem weißen Stein trug. Sie schraubte den Deckel des Fläschchens ab, nahm einen tiefen Schluck, setzte den Deckel wieder darauf und steckte die Flasche rasch in ihre Tasche zurück. Trench hatte den ganzen Vorgang schweigend beobachtet. Als ihre Blicke sich trafen, lächelte sie und sagte „meine Medizin", dann begann sie mit ihrer Geschichte:

„Wie Sie wissen, lebte Pythagoras im sechsten Jahrhundert vor Christus. Was wir heute über ihn und seine Schule wissen, verdanken wir zum größten Teil den Schriften griechischer Geschichtsschreiber. Nach manchen Berichten war Pythagoras ein Halbgott, ausgestattet mit übernatürlichen Kräften, Sohn des Gottes Apollo und der irdischen Phytais. Nach anderen Quellen war sein Vater Mnesarch, ein Kaufmann von der Insel Samos. Während Mnesarch sich auf einer Geschäftsreise in Delphi aufhielt, erfuhr er durch das Orakel, dass sein zukünftiger Sohn ‚alle Menschen, die jemals gelebt haben, an Schönheit und Weisheit übertreffen würde und dass er der Menschheit die größten Wohltaten bringen würde.'

Bedauerlicherweise liegt das 2500 Jahre zurück, und es ist die heutige Menschheit, die aus der Klugheit und den übernatürlichen Kräften des Pythagoras den größten Gewinn ziehen würde."

Trench wollte etwas fragen, erinnerte sich aber daran, dass er versprochen hatte, sie nicht zu unterbrechen. Die Frau fuhr fort.

„Nun sind die Arbeiten der griechischen Geschichtsschreiber und Philosophen, die mehrere Jahrhunderte nach Pythagoras' Tod verfasst wurden, unsere wichtigste Quelle, um etwas über ihn zu erfahren. In manchen dieser Arbeiten finden sich Hinweise auf die Existenz einer Sammlung von älteren und zuverlässigeren Dokumenten über den Menschen und seine Philosophie, einen Bericht aus der Feder eines seiner Schüler, der kurz nach Pythagoras' Tod verfasst wurde, um die Lehren des Meisters zu bewahren, allerdings nur innerhalb des geschlossenen Kreises der Pythagoreer und ihrer Nachfahren."

Sie hielt inne und befeuchtete ihre Lippen. Trench spürte, dass die Frau sich dem Höhepunkt der Geschichte näherte.

„Einer von den Mitgliedern der Gruppe, ich werde ihn Mr. S nennen, reiste auf der Suche nach einer Spur zu den mutmaßlich von einem Schüler Pythagoras' geschriebenen Dokumenten durch ganz Europa und den Nahen und Mittleren Osten; er besuchte Bibliotheken, Buchantiquariate, darunter zwielichtige Händler, und private Sammler. Er fand zwar keines der Dokumente, stieß jedoch auf zwingende Beweise ihrer Existenz, wie wortwörtliche Zitate aus äußerst zuverlässigen Quellen, die auf einen außergewöhnlichen Umstand hinwiesen: Um das Jahr der 68sten Olympiade würde Pythagoras wiedergeboren, um ‚gegen das Böse zu kämpfen'.

Nun entsprechen nach dem Kalender der alten Griechen die Jahre der 68sten Olympiade der Mitte des zwanzigsten Jahrhunderts ..."

Sie warf Trench einen prüfenden Blick zu. Wenn sie irgendeine Reaktion von ihm erwartet hatte, dann sollte sie der Doktor enttäuschten.

„Mr. S gründete damals den Leuchtturm", fuhr sie fort, „eine exklusive Gesellschaft von Anhängern Pythagoras', deren oberstes Ziel es ist, die Wiedergeburt des Menschen zu finden, die einzige Person, die die Menschheit vor ihrer Auslöschung bewahren und das Verschwinden intelligenten Lebens von diesem Planeten verhindern kann. Er wird unser Meister werden, Dr. Trench. Er wird uns führen, und wir werden ihm folgen."

Trench dachte: Ihre „Gesellschaft" sieht mir stark nach einer Sekte von Neupythagoreern aus.

„Aber da ist noch etwas", fuhr sie fort. „Mr. S' Nachforschungen ergaben außerdem, dass die Anhaltspunkte, die es uns ermöglichen würden, Pythagoras zu erkennen, in einem Pergament oder Papyrus zu finden sind, das von einem seiner Anhänger oder von ihm selbst geschrieben wurde. Das Originaldokument ist sehr wahrscheinlich verloren gegangen oder wurde vernichtet, einige Quellen deuten allerdings auf die Existenz einer gut erhaltenen Abschrift hin, die darauf wartet, von jemandem gefunden zu werden, der wissen würde, wo und wonach man suchen musste.

„Wären Sie interessiert, zu unserer Gruppe zu stoßen und mitzuhelfen, Pythagoras zu finden, Dr. Trench? Wie brauchen jede Hilfe, die wir bekommen können – von Leuten, denen wir vertrauen können, versteht sich."

Es war eine direkte Frage. Trench versuchte sich ihrer ganzen Tragweite bewusst zu werden, als Ms. Sweeny fortfuhr:

„Natürlich müssten Sie wie jedes andere potenzielle Mitglied ein Aufnahmeverfahren durchlaufen: einige Fragen beantworten, einige Fakten über sich offen legen, solche Sachen. Wir müssen herausfinden, wie ernsthaft Ihre Absichten wirklich sind. Und wir würden von Ihnen erwarten, dass Sie Ihre ganze Zeit und Kraft in den Dienst unserer gemeinsamen Sache stellen."

In diesem Augenblick geschah mit Trench etwas Merkwürdiges. Noch vor wenigen Augenblicken wäre ihm das Angebot der Frau, ein Mitglied ihres mysteriösen Zirkels zu werden, absurd vorgekommen: Wie konnte sie sich einbilden, er würde seine erfolgreiche und lukrative Arztpraxis aufgeben, um sich einem Haufen religiöser Fanatiker, die an Wiedergeburt glaubten, anzuschließen?

Doch im nächsten Moment schoss ihm, mit der Wucht einer Offenbarung, der Gedanke durch den Kopf, dass es richtig wäre, das Angebot der Frau anzunehmen, dass es aus irgendeinem obskuren, aber zwingenden Grund eine Gelegenheit war, die er nicht verpassen durfte. Wie im Traum hörte er sich selbst sagen: „Lassen Sie mich wissen, was ich tun muss, um beim Leuchtturm dabei zu sein."

Am Ende seiner dreiwöchigen Auszeit nahm Trench seine Arbeit nicht wieder auf. Als seine Sekretärin anrief, um zu erfahren, was los war, hörte sie ungläubig zu, wie er mit ruhiger, aber bestimmter Stimme sagte: „Ich werde nicht zurückkommen, Sarah. Bitte sagen Sie Dr. Thompson, dass er mein Kündigungsschreiben morgen auf seinem Schreibtisch hat. Mein Anwalt wird sich um alles Notwendige und den ganzen juristischen Kram kümmern. Ich werde verreisen und für eine Weile nicht in der Gegend sein. Keine Sorge, es geht mir gut. Ich weiß, was ich tue. Danke für alles.“ Dann legte er auf.

15
Das Team

Drei Jahre später war Trench „Bruder" geworden und damit in den zweithöchsten Rang des Leuchtturm-Ordens aufgerückt; die Aktivitäten der neupythagoreischen Sekte unterstützte er großzügig mit finanziellen Mitteln.

Der Orden agierte in größter Verschwiegenheit, sodass außerhalb des verschworenen Kreises seiner rund fünfzig Mitglieder praktisch nichts über ihn bekannt war. Diejenigen, die sich selbst „Burschen" nannten, waren meist wohlhabende und einflussreiche Akademiker und Geschäftsleute, rund ein Fünftel von ihnen Frauen. In Pythagoras' Lehren, die sie vor allem hinsichtlich ihrer esoterischen Aspekte auslegten, hatten sie eine Art von spiritueller Erfüllung gefunden, wie sie die großen Religionen nicht boten. Ihre Verehrung für den berühmten Philosophen ging so weit, dass sie ihn wie einen Gott anbeteten.

Der Leuchtturm wurde 1979 von einer geheimnisvollen, den anderen Mitgliedern nur als Mr. S bekannten Persönlichkeit gegründet, die davon überzeugt war, dass Pythagoras um die Mitte des zwanzigsten Jahrhunderts wiedergeboren worden war. Und so verehrten die Mitglieder des Ordens nicht nur den Geist des Pythagoras, sondern sie erwarteten mit Ungeduld dessen Rückkehr zu den Lebenden, geradeso wie die Anhänger anderer Religionen auf die Ankunft ihres Messias warten.

Neue Mitglieder wurden zunächst auf Empfehlung von zwei Burschen und endgültig erst dann zugelassen, wenn die gründliche Überprüfung des Kandidaten, seines Hintergrunds, seiner Persönlichkeit, seines Lebensstils und seiner Motivation ergab, dass dieser die strengen Kriterien erfüllte. Im Falle seiner Anerkennung musste der neue Bursche einen Loyalitätseid ablegen und schwören, den Orden und dessen Suche nach Pythagoras' Reinkarnation finanziell zu unterstützen.

Burschen führten weiter ihr normales Leben in der Gesellschaft, versammelten sich jedoch am zehnten Tag eines jeden Monats im Tempel, dem Hauptsitz des Ordens in einem Außenbezirk Chicagos, zu einem zeremoniellen Ritual, in dem ihre harmonische Verbindung mit dem Universum beschworen wurde. Durch das Eintreten in einen tranceähnlichen Zustand hofften sie ihre Seelen zu reinigen und Weisheit und Einsicht von den höheren Mächten zu erlangen. Die Zusammenkünfte dienten auch dazu, neue Mitglieder in den Orden aufzunehmen.

Trench erinnerte sich noch lebhaft an seine Einführungszeremonie. Sie hatten sich im Tempel im Saal der Wahrheit versammelt, einem großen, holzgetäfelten Raum mit hoher Decke und schmalen Fenstern. An einem Ende befand sich ein mit rotem Teppich bezogenes Podest, über dem eine polierte Metallkugel von der Größe zweier Wasserbälle hing und das Licht der in die Decke eingelassenen Lampen reflektierte. Der vor dem Podest in einer Doppelsäule aus zwei bronzenen Brennern aufsteigende Rauch wehte durch den Raum und erfüllte die Luft mit dem süßlichen Geruch des Weihrauchs. An der Wand hinter dem Podest gab ein auf beiden Seiten zurückgezogener Vorhang den Blick auf einen Bildschirm frei, auf dem das Bild eines fünfzackigen Sterns zu sehen war. Im Verlauf der Zeremonie sollte eine Reihe weiterer Bilder in regelmäßigen Abständen auf dem Monitor erscheinen.

Die fünf Mitglieder des Rates der Hohen Brüder, der höchsten Instanz des Ordens, saßen auf hochlehnigen Stühlen in einem Halbkreis in der Mitte des Podest, den versammelten Burschen zugewandt, welche die Zeremonie verfolgten. Vor den Ratsmitgliedern befand sich ein runder Säulentisch mit einer Granitplatte und einem roten Samtläufer, auf dem ein einzelnes Objekt lag: ein Silberring mit einem weißen Stein.

Alle Anwesenden, Trench eingeschlossen, trugen weiße, kapuzenlose Zeremoniengewänder mit einem silberfarbenen, um die Taille gebundenen Gürtel. Eine komplizierte geometrische Figur, mit silbernem Faden ungefähr in Brusthöhe aufgestickt, wies den Träger des Gewands entsprechend seines Ranges innerhalb des Orden aus, vom niedrigsten eines Burschen bis zum höchsten eines Hohen Bruders.

Trench stand mit dem Rücken zum Publikum vor dem Rat, während der Älteste – das älteste Mitglied des Rates, ein kahlköpfiger Mann mit kantigem Kiefer und buschigen Augenbrauen – die Pflichten und Aufgaben eines Bruders des Ordens verlas, darunter die absolute Verschwiegenheit hinsichtlich aller den Orden betreffender Dinge. Dann legte er seinen Treueeid ab, der mit den Worten begann: „Ich, Gregory James Trench, schwöre feierlich bei dem, der unseren Seelen die heilige Tetraktys offenbart hat ...“ Während er sprach, zeigte der Monitor das Bild von zehn Punkten, die zu einem gleichseitigen Dreieck angeordnet waren.

Als er fertig war, setzte er sich auf einen niedrigen Stuhl in der Nähe des Säulentisches mit Blick auf die Versammlung der Burschen. Jemand brachte eine flache, mit Wasser gefüllte Silberschale und ein weißes Leinenhandtuch. Er wusch sich die Hände die Reinigung vor dem Empfang des Ordenssymbols.

Trench stand auf, und der Älteste trat zu ihm, nahm den Ring vom Tisch, griff Trenchs linke Hand und schob den Ring mit gemessener Geste über dessen vierten Finger. Dann umarmte er Trench kurz, sagte „Willkommen in unserer Mitte, Bruder" und küsste ihn zum Zeichen der Freundschaft flüchtig auf beide Wangen – freundschaftliche Beziehungen galten bei den frühen Pythagoreern als ein hoher Wert. Die anderen Ratsmitglieder und anwesenden Burschen taten, nachdem sie sich in Reih und Glied aufgestellt hatten und in einer langsamen Prozession das Podest von der linken Seite betraten und es an seiner gegenüberliegenden Seite wieder verließen, einer nach dem anderen das Gleiche. Als die Einführungszeremonie vorüber war, setzte Trench sich auf den ihm zugewiesenen Platz unter den Burschen.

Als nächstes wurden einige Maximen des Pythagoras verlesen. Nach jeder Maxime antworteten alle gemeinsam im Chor „Ja, ich gelobe" oder „So hat der Meister gesprochen", je nach deren Bedeutung. Am Ende der Lesung senkten alle den Kopf zur Meditation, und es vergingen mehrere Minuten in völliger Stille.

Als die Musik begann, standen alle auf. Die Klänge eines Saiteninstruments und im Hintergrund geschlagener Trommeln erfüllten den Raum; sanft, zuerst kaum hörbar, dann allmählich immer mehr anschwellend. Trench ließ seinen Blick über die Versammlung schweifen. Alle standen, die Hände wie zum Gebet gefaltet und die Augen auf den Monitor vor ihnen gerichtet, wo jetzt das Bild einer leuchtenden und sich langsam um die eigene Achse drehenden Pyramide zu sehen war. Während die Minuten verstrichen und die Musik lauter wurde, begannen viele in einer seltsamen Sprache zu sprechen oder vielleicht nur Geräusche von sich zu geben – Trench konnte es nicht sagen –, wobei sie weiter wie hypnotisiert auf den Bildschirm starrten. Jemand in seiner Nähe brüllte wie ein Bulle, der unter schrecklichen Schmerzen litt – ein furchterregendes Geräusch. Instinktiv schloss Trench die Augen und presste seine Hände gegen die Ohren. Den rasenden Rhythmus der Trommeln, die jetzt wie ein unterirdisches, in Kürze hervorbrechendes Donnergrollen widerhallten, konnte er jedoch nicht völlig von sich fernhalten. Die im Saal der Wahrheit Versammelten waren dabei, ihren Höhepunkt zu erreichen: einen Trancezustand, ein Gefühl der Glückseligkeit, das sie in direkten Kontakt mit dem Meister und anderen Gottheiten bringen würde. Doch nur der Gereinigte, der in die Geheimnisse der Zahl Eingeweihte, konnte erwarten, in ein Zwiegespräch mit den Göttern einzutreten. Trench gehörte nicht zu ihnen, nicht dieses Mal, noch nicht.

In den drei Jahren, die vergangen waren, seit Trench in den Orden eingetreten war, war die Suche nach dem Manuskript, das die Hinweise zum Auffinden des wiedergeborenen Pythagoras enthalten sollte, ohne Erfolg geblieben. Die Möglichkeit, dass die einzige noch vorhandene Kopie des ursprünglichen Dokuments unbeachtet und für niemanden zugänglich im Regal eines privaten Sammlers verstaubte, änderte letztlich nichts an der Entschlossenheit und Zuversicht der Sekte. Sie wurden von einer tiefen Überzeugung angetrieben, nicht nur, dass Pythagoras' Inkarnation irgendwo auf der Welt lebte, sondern auch, dass er gefunden und ihr geistiger Führer werden und viele wunderbare Dinge erreichen würde, die zum Nutzen der ganzen Menschheit wären.

Mehrere vielversprechende Spuren verliefen im Sand, auch die eines gefälschten Dokuments voller mathematischer Formeln, dessen Besitzer vorgab, es handele sich um eine Originalhandschrift des Pythagoras, dabei jedoch nicht bedachte, dass das Pergament erst im zweiten Jahrhundert nach Christus entstanden war, mehr als dreihundert Jahre nach dem Tod des Philosophen. Trotz aller Ungewissheit und vieler Enttäuschungen ging die Suche weiter.

Anfang Dezember 1997 löste ein Telefax aus London eine Serie von Ereignissen aus, die in einem Durchbruch gipfeln sollten. Trench, jetzt zuständig für das Koordinieren der Suchaktion, hatte ein Netzwerk von „Agenten" aufgebaut, die nach allem Ausschau hielten, was Ähnlichkeit mit dem Dokument hatte, das er aufspüren sollte. Sein Netzwerk bestand überwiegend aus Sammlern und Buchantiquaren in verschiedenen Ländern, darunter einige skrupellose Individuen, die auf dem Schwarzmarkt mit geschmuggelten oder gestohlenen Objekten handelten. Einer dieser zwielichtigen Händler, mit Decknamen „Emerald" hatte gerade das Fragment eines mittelalterlichen Buches aus Pergament gekauft, das etwas enthielt, was wie künstlerische Ausschmückungen eines griechischen Textes aussah, in dem bei näherer Betrachtung aber außerdem einige verblüffende mathematische und geometrische Symbole zu erkennen waren. Jedenfalls beschloss Emerald, Bilder der Seiten an Trench zu faxen.

„Ich dachte, Sie würden gern einen Blick darauf werfen“, lautete Emeralds lakonische Nachricht auf dem Deckblatt. Acht weitere Seiten folgten. Die Bilder waren von dürftiger Qualität, aber gut genug, dass Trench etwas sah, was sein Interesse weckte. Er schickte sofort eine E-Mail an Emerald, in der er ihn anwies, das Buch nicht aus der Hand zu geben, bis er eine weitere Nachricht bekommen würde.

Was Trenchs Blick fesselte, war ein kleines geometrisches Symbol, das auf zwei der Seiten erschien: ein fünfzackiger Stern, eingepasst in zwei konzentrische Kreise.

Das Pentagramm

Lange Zeit glaubte man, das Pentagramm, auch bekannt als drei ineinander verflochtene Dreiecke oder Fünfeckstern, besitze magische Kräfte. In Babylonien und dem alten Griechenland wurde es von Leuten getragen, die heidnische Religionen praktizierten. Pythagoras' Schüler sahen in dem fünfzackigen Stern eine Darstellung der mathematischen Perfektion, bezogen auf die sogenannte göttliche Proportion oder den goldenen

Schnitt. Sie benutzten ihn als Erkennungszeichen unter den Mitgliedern der Schule und als ein Symbol innerer Gesundheit.

Trench war besonders erregt aufgrund der Tatsache, dass die Pentagramme mit zwei nach oben weisenden Spitzen gezeichnet waren und die Buchstaben in ihren Eckpunkten das griechische Wort für „Gesundheit“ ergaben, genau wie die frühen Pythagoreer das Symbol darstellten. Konnte das sein, wonach er suchte?

Die acht Seiten waren eindeutig Teil eines größeren Ganzen, möglicherweise eines Buches. Stand der Rest dieses Buches, sollte er noch existieren, ebenfalls zum Verkauf? Emerald war nicht sehr mitteilsam gewesen, was die näheren Umstände des Ankaufs der Pergamentblätter betraf, aber aus dem, was zwischen den Zeilen zu lesen war, konnte Trench sich ein Bild machen: Emeralds „Kunde“ war ein Gelegenheitsdieb, der Zimmer in Londoner Hotels „abklapperte“ und dem auf einer seiner Runden das Buchfragment durch Zufall in die Hände gefallen war. Über seinen Eigentümer war nichts bekannt, außer dass er oder sie wahrscheinlich Ausländer war. Wie auch immer, die alten Pergamentbogen lohnten einen näheren Blick.

Eine Woche später versammelte sich der Rat der Höheren Brüder des Ordens, um darüber zu beraten, wie nach dem Ankauf des mittelalterlichen Buches für die von Trench empfohlene Summe von 20 000 Pfund weiter vorzugehen sei.

Eine gründliche Untersuchung der Seiten hatte sie davon überzeugt, dass die sorgfältig ausgeführte Mischung künstlerischer Darstellungen, geometrischer Diagramme und mathematischer Symbole – ganz zu schweigen von einem rätselhaften kurzen Gedicht am Ende – eine versteckte Botschaft enthielten, möglicherweise ein Teil des Puzzles, das zu dem wiedergeborenen Pythagoras führte. Über die Art der Botschaft konnten sie nur spekulieren: Es konnte sich um den Hinweis auf einen Ort oder einen anderen Text handeln, vielleicht aber auch um irgendeine mathematische Entdeckung, die nur Eingeweihten mitgeteilt werden sollte und die für das Ziel, den lebenden Pythagoras zu identifizieren, ohne Bedeutung war.

Der Rat kam schließlich zu dem Ergebnis, dass sie Hilfe benötigten, um die versteckte Botschaft zu entschlüsseln, und er übertrug Trench die Aufgabe, jemand mit den nötigen Fähigkeiten zu engagieren. Die ausgewählte Person würde das vierte Mitglied eines Teams sein, dessen Mission es wäre, Pythagoras' Reinkarnation zu finden und vor den Rat zu bringen.

An einem Nachmittag Anfang Januar 1998 hielt ein Wagen vor dem Hauptsitz des Leuchtturm-Ordens, einer eindrucksvollen, im neunzehnten Jahrhundert erbauten Villa, die in einer dicht bewaldeten Gegend nördlich der Stadt lag. Das Anwesen war von einer hohen Mauer umgeben, der Zugang nur durch ein Sicherheitstor möglich. Der Fahrer des Wagens war Leonard Richter, und sein einziger Fahrgast war Jule Davidson, das am spätesten hinzugekommene – und letzte – Mitglied des Suchteams.

Nachdem er von dem Sicherheitsangestellten am Tor kontrolliert worden war, parkte Richter den Wagen an der Rückseite des Hauses, und sie betraten das Gebäude durch einen Seiteneingang. Im Innern war die Luft warm und trocken, ein willkommener Kontrast zu dem kalten Wind, der auf ihrem kurzen Fußmarsch vom Parkplatz über sie hinweggefegt war. Sie durchquerten einen großen Vorraum mit Fliesenboden und legten ihre Jacken im angrenzenden Garderobenzimmer ab. „Sie können Ihre Tasche hier lassen“, sagte Richter zu Jule, der im Tempel übernachten sollte, „jemand wird sie Ihnen auf Ihr Zimmer bringen.“

Sie stiegen über eine breite, mit Teppich belegte Treppe in den ersten Stock und gingen durch einen schwach beleuchteten Korridor auf eine glasgetäfelte Tür zu. Richter klopfte an, bevor er die Tür öffnete und Jule in eine Art Bibliothek führte. Alle Wände waren mit Regalen zugestellt, mit Ausnahme der ihnen gegenüberliegenden, in der sich zwei große Fenster befanden; die schweren Gardinen waren zurückgeschlagen und ließen das schwächer werdende Nachmittagslicht herein. In dem Raum war es warm, und es roch angenehm nach brennendem Holz. Gregory Trench saß an einem großen Kirschholztisch am offenen Kamin. Er sah sie über den Rand seiner Lesebrille hinweg an. „Guten Tag, meine Herren. Bitte kommen Sie herein“, sagte er, während er aufstand und auf sie zuging, um sie zu begrüßen.

Richter stellte Jule Trench vor: „Das ist Dr. Jule Davidson, das neue Mitglied unseres Teams.“ Trench sah Jule direkt in die Augen – der Mathematiker war gut einen Kopf kleiner als er –, bevor er seine Hand ausstreckte und mit gleichmäßiger Stimme sagte, „Ich bin Gregory Trench. Willkommen an Bord, Dr. Davidson.“ Jule lächelte höflich und streckte seinerseits die Hand aus. „Freut mich, zum Team zu gehören“, sagte er, während sie sich die Hände schüttelten, und fügte hinzu: „Ich freue mich darauf, etwas mehr über meine Arbeit zu erfahren.“

„Natürlich“, sagte Trench tonlos, während er Jule immer noch tief in die Augen blickte, ihn studierte, als würde er nach einer Bestätigung suchen, dass der Mann der Aufgabe gewachsen war. Schließlich lud er seine Gäste ein, Platz zu nehmen. „Bitte machen Sie es sich bequem, Dr. Davidson.“ Jule setzte sich in einen Ledersessel Trench gegenüber, der sich auf einem rot-goldenen Damastsofa niedergelassen hatte, dessen Farben mit denen der Gardinen dahinter harmonierten. Richter entschuldigte sich und verließ den Raum, als Trench begann, Jule über die Operation und seine Rolle darin aufzuklären.

„Wie Sie von Mr. Richter wissen, sind wir eine Gruppe von Leuten, die an die Grundsätze des Neupythagoreismus glauben, eine alte synkretistische Religion, die auf den Lehren des im sechsten Jahrhundert vor Christus lebenden Philosophen und Mathematikers Pythagoras von Samos, des weisesten Mannes aller Zeiten, beruht. Er unternahm viele Reisen durch Griechenland, Ägypten und den Orient, und er bezog sein bemerkenswertes Wissen aus der Weisheit all jener Völker. Damit dieses Wissen und die wissenschaftlichen und philosophischen Erkenntnisse, die er mit so vielen Mühen erworben hatte, nicht verloren gingen, rief er eine Bruderschaft von Schülern ins Leben, um diese zu bewahren und weiterzugeben. So wurde er zu einem der größten Wohltäter der Menschheit. Als Erben dieser Jahrtausende alten Tradition ist es unsere Aufgabe, diese noble und heilige Mission weiterzuführen.“

Er machte eine Pause und beugte sich etwas nach vorn. Als er weitersprach, schwang ein pathetischer, fast drohender Unterton in seiner Stimme mit. „Wir haben Grund zu der Annahme – und hinterfragen Sie weder unsere Überzeugung, noch verlangen Sie einen Beweis, eine

Begründung oder was auch immer –, dass die Reinkarnation unseres Meisters in diesem Augenblick irgendwo auf der Welt lebt. Ihre Aufgabe ist es, uns dabei zu helfen, ihn zu finden."

Jule würde mit Professor Hirsch zusammenarbeiten, einem Experten auf dem Gebiet des griechischen Altertums, den er anderntags treffen würde. Ihre Aufgabe würde es sein, den wiedergeborenen Pythagoras zu identifizieren. Sie würden Richter, oder bei dessen Abwesenheit, Trench, Bericht erstatten. Alles, was mit der Operation, dem Tempel und seinen Nutzern zu tun hatte, sollte streng vertraulich behandelt werden, warnte er ihn.

Trench erwähnte ferner, es gäbe zwei weitere Mitglieder im Team, ohne Einzelheiten zu nennen. In den darauffolgenden Wochen sollte Jule mehr über diese und deren Funktion bei der Operation erfahren. Rocky war ein Gebirge von Mann, stark wie ein Bulle – ein ehemaliger Ringer, der eine Zeitlang auf der anderen Seite des Gesetzes stand. Er war von Trench „adoptiert" worden, nachdem er diesem eines Nachts bei einem versuchten Raubüberfall, der zu eskalieren drohte, das Leben gerettet hatte. Dank Trench hatte Rocky „das Licht erblickt", und sein Leben hatte sich geändert; er würde alles für Trench tun, sogar töten. Was Houdini betrifft – ein groß gewachsener, drahtiger Mann in den Dreißigern, der wenig sprach – so war dieser handwerklicher Zauberkünstler und Computergenie in einer Person. Er konnte ein Schloss knacken, einen Safe öffnen oder in einen Computer einbrechen, als ob es das Leichteste auf der Welt wäre. Er war von eigenbrötlerischem und introvertiertem Wesen, lebte allein und entwickelte beruflich Videospiele. Sobald Jule und der Professor die Identität des lebendigen Pythagoras entdeckt hätten, würden Rocky und Houdini sich daran machen, ihn aufzuspüren und davon zu überzeugen – oder ihn, falls nötig, zwingen –, in den Tempel zu kommen.

Später am Abend, als er allein in seiner Unterkunft war, einem spärlich möblierten, fensterlosen Raum, überdachte Jule noch einmal sein überstürztes Eingehen auf Richters Angebot. Er hatte ein Problem mit der Vorstellung von Wiedergeburt – er glaubte einfach nicht daran – und mit dem offenkundigen Fanatismus, den er bei den Mitgliedern der Sekte wahrnahm. Für einen Rückzieher ist es jetzt zu spät, sagte er sich. Er war kein Drückeberger; er beschloss, sein Bestes zu geben und das Spiel bis zum Ende mitzuspielen.

16
Die Suche

Sie war Jule von Trench als „Professor Hirsch", eine Autorität auf dem Gebiet des griechischen Altertums, vorgestellt worden. Und nach dem üblichen Austausch höflicher Begrüßungsfloskeln hatte Trench hinzugefügt: „Professor Hirsch schreibt gerade ein Buch über Pythagoras. Sie wird ihre Auskunftsperson über ihn und seine Schule sein."

Ihr voller Name war Laura Eva Hirsch. Sie wurde in der ehemaligen DDR geboren, wo sie griechische Geschichte und Mythologie studierte, bevor sie sich als politischer Flüchtling mit Unterstützung eines befreundeten Diplomaten in die Vereinigten Staaten absetzte. 1983 machte sie an der University of Illinois ihren Doktor in Altertumswissenschaft. Sie blieb als Dozentin an ihrer Alma Mater, wo sie sich rasch nach oben arbeitete, bis sie 1989 zum ordentlichen Professor ernannt wurde. Jetzt war sie Ende vierzig, eine große, schlanke Frau mit einem intelligenten, wenn nicht attraktiven Gesicht, deren dunkelbraunes Haar und deren schwarze Augen mit ihrer hellweißen Haut kontrastierten.

Es war Samstagmorgen. Jule und die Professorin waren allein in einem großen Raum, durch dessen große Fenster man den Park an der Rückseite des Hauses überblicken konnte. Eine Decke frisch gefallenen Schnees dehnte sich in die Ferne aus, unterbrochen nur von einer dunklen Mauer aus Kiefern. Hoch über den Bäumen trieben einige Wölkchen am hellblauen Himmel wie Watteinseln in einem riesigen, ruhigen Meer. Jule hatte Abendessen und Frühstück von einer ernsten und schweigsamen alten Dame auf sein Zimmer serviert bekommen, dies war also sein erster Kontakt mit jemand anderem als Trench oder Leonard Richter.

Die Professorin sprach zuerst. „Ich werde Sie in allem unterstützen, was Sie über Pythagoras und seine Schüler wissen wollen", sagte sie zu Jule, dem auffiel, dass sie mit einem leichten deutschen Akzent sprach. „Betrachten Sie mich als eine Art menschliches Google", fügte sie mit einem Lächeln hinzu.

„Ich werde jede Hilfe brauchen, die ich bekommen kann", antwortete Jule und lächelte zurück, froh darüber, dass die Professorin sich selbst nicht zu wichtig nahm. „Warum beginnen Sie nicht mit einer Vorstellung des Mannes und einer Einführung in seine Lehren – alles, was Sie mir für den Anfang erzählen können", schlug er vor und klappte sein Notebook auf.

„In Ordnung", sagte sie mit einem zustimmenden Kopfnicken. Sie lehnte sich in ihrem Ledersessel zurück und begann, nachdem sie einige Augenblicke nachgedacht hatte, mit ihrem Vortrag.

„Pythagoras wurde von seinen Zeitgenossen als ein Mann von außergewöhnlicher Weisheit verehrt, fast wie ein Halbgott. Heute ist er hauptsächlich für seinen nach ihm benannten Lehrsatz bekannt, wenngleich das Ergebnis den Babyloniern und indischen Kulturen bereits Jahrhunderte vor seiner Geburt bekannt war. Ich erinnere mich, wie ich ihn als Jugendliche auswendig gelernt habe – natürlich in Deutsch, meiner Muttersprache: ‚Bei einem rechtwinkligen Dreieck ist das Quadrat der Hypotenuse gleich der Summe der Quadrate der beiden anderen Seiten'."

Jule erhob halb seine Hand, wie ein Schüler, der versucht, die Aufmerksamkeit des Lehrers zu gewinnen. Laura Hirsch lächelte und sagte: „Ja?"

Sie erwähnten gerade, dass Pythagoras' berühmtes Ergebnis bereits früheren Zivilisationen bekannt war. Glauben Sie denn, dass der Satz des Pythagoras in Wahrheit gar nicht von ihm stammt?"

„Nein, das glaube ich nicht, die Frage nach der Urheberschaft ist allerdings schwer zu beantworten, besonders wenn die Anspruchsteller seit vielen Tausend Jahren tot sind und die wenigen Aufzeichnungen, die es gibt, Raum für unterschiedliche Interpretationen lassen. Nehmen Sie zum Beispiel das Fragment einer babylonischen Tontafel, die von 1700 vor Christus stammt und in einem Museum – in New York, glaube ich – aufbewahrt wird. Es besteht aus vier Zahlenspalten, in Keilschrift und dem in Babylonien gebräuchlichen Zahlensystem geschrieben. Nach heutigen Erkenntnissen handelt es sich im Wesentlichen um eine Tafel sogenannter pythagoreischer Tripel, das heißt, von Zahlen a, b, und c, für die gilt $a^2 = b^2 + c^2$ – tatsächlich erscheinen allerdings nur die Spalten der Werte für a und b auf dem erhalten gebliebenen Stück Tafel. Man kann nun vermuten, dass die Babylonier den berühmten Lehrsatz, den wir Pythagoras zuschreiben, kannten. Aber taten sie das wirklich?"

„Ich verstehe, was Sie meinen," sagte Jule. „Es ist nicht wirklich sicher, dass solche Zahlengleichungen aus deren eigener Kenntnis der Geometrie rechtwinkliger Dreiecke hervorgegangen sind – ich meine, dass sie tatsächlich die Beziehung zwischen der Hypotenuse, *a*, und den Seiten, *b*, *c*, den Katheten, von rechtwinkligen Dreiecken aufgelistet haben. Sie könnten auch einfach nur Beispiele einer arithmetischen Kuriosität dargestellt haben: Quadratzahlen, die Summen von zwei Quadratzahlen sind."

„Möglich. Aber auch wenn auf der Tafel geometrische Beziehungen nicht ausdrücklich erwähnt sind, lauten die Spaltenüberschriften für *a* und *b* ‚Quadratseite der Diagonalen' beziehungsweise ‚Quadratseite der Breite'. Sie könnten das Theorem am Ende also doch gekannt haben.

Außerdem gibt es eine andere babylonische Tontafel, mit einem Diagramm, das mit drei Zahlen beschriftet ist, weshalb man vermuten könnte, dass die Babylonier einen visuellen Beweis des Theorems für gleichschenklige Dreiecke kannten.

Für die indische Mathematik ist der Beleg vielleicht überzeugender. Baudhâyana war ein indischer Geistlicher und Mathematiker, der irgendwann zwischen 800 und 600 vor Christus lebte. Er interessierte sich für Mathematik wahrscheinlich nicht um ihrer selbst willen, sondern wegen ihrer praktischen Anwendung bei der Konstruktion von Altären, die benötigt wurden, um den Göttern Opfer zu bringen und andere religiöse Riten durchzuführen. Damit diese Opfer ihre Zwecke erfüllen konnten und die Götter die Wünsche der Menschen nach Gesundheit, ausreichend Nahrung und so weiter erhörten, musste der Altar nach exakt vorgegebenen Maßen gebaut werden. Baudhâyanas *Sulbasutra* oder ‚Schnurregeln', in Sanskrit und ohne jedes mathematische Symbol geschrieben, sind eine Sammlung von mathematischen Ergebnissen und geometrischen Konstruktionen, für die allerdings keine Beweise angeführt werden. Unter diesen findet sich die folgende Aussage." Sie blätterte in ihren Unterlagen. „Bitteschön: *Eine an die Länge der Diagonale angelegte Schnur bringt eine Fläche hervor, welche die vertikalen und horizontalen Seiten zusammen bilden.*"

„Das ist erstaunlich!", rief Jule voller Bewunderung aus. „Es ist im Grunde die allgemeine Form dessen, was wir den Satz des Pythagoras nennen. Ich habe gelesen, dass Pythagoras als junger Mann nach Indien reiste. Könnte er dort möglicherweise von dem Ergebnis erfahren haben?"

Die Professorin ging nicht direkt auf seine Frage ein: „Es ist nicht sicher, ob Pythagoras auf seinen Reisen bis nach Indien gekommen ist, man kann aber davon ausgehen, dass er Ägypten besucht hat. Meiner Meinung nach wäre ein so grundlegendes mathematisches Ergebnis, besonders eines von offenkundig praktischem Nutzen – Tischler verwenden es heute noch, um rechte Winkel zu ziehen – früher oder später in jeder fortgeschrittenen Zivilisation gefunden worden, es könnte also durchaus mehr als einen Entdecker geben."

„Eigentlich", unterbrach Jule, „verwenden Tischler nicht das Theorem selbst, sondern seine Umkehrung: *Wenn* $a^2 + b^2 = c^2$, *dann* ist das Dreieck rechtwinklig – ein Unterschied, dessen sich kaum noch jemand bewusst ist."

„Ich weiß, mir ging es genauso", gestand Ms. Hirsch mit einem Kopfnicken. „Auch die Chinesen haben die Urheberschaft des Theorems für sich beansprucht", fuhr sie fort. „Es gibt da ein altes chinesisches Buch über Mathematik,[4] das mindestens ins sechste Jahrhundert

[4] Das *Zhou bi suan jing*

vor Christus, in die Zeit Konfuzius', zurückgeht oder vielleicht sogar noch älter ist. Darin finden sich die Zeichnung eines schräg gestellten Quadrats innerhalb eines größeren, gerasterten Quadrats und ein ergänzender Kommentar. Zusammen liefern sie einen visuellen Beweis des Theorems für das 3-4-5-Dreieck."

„Wann wurde der Lehrsatz mit dem Namen Pythagoras in Verbindung gebracht?"

„Die Wahrheit ist, wir wissen es im Grunde nicht. Die früheste verlässliche Quelle ist Plutarch, ein griechischer Schriftsteller aus dem ersten Jahrhundert nach Christus Er berichtet, dass – laut einem gewissen Apollodor dem Logiker – Pythagoras ein stattliches Ochsenopfer dargebracht hätte, um seine Entdeckung zu feiern, dass ‚das Quadrat der Hypotenuse eines rechtwinkligen Dreiecks gleich den Quadraten der Seiten ist, die den rechten Winkel bilden'; und dieses Ereignis hätte die Anregung zu einem Epigramm gegeben:

Als der große samische Weise die erhabene Lösung fand,
färbte das Lebensblut von hundert Ochsen die Erde.

Allerdings erscheint eine solche Feier höchst unwahrscheinlich, wenn man bedenkt, dass die Pythagoreer es aus Überzeugung ablehnten, Tiere zu töten und Fleisch zu verzehren."

„Was hat es mit *dem Beweis* des Theorems auf sich?", fragte Jule, das Problem von einer anderen Seite angehend. „Es gibt Hunderte verschiedener Argumente, die die Gültigkeit seiner Aussage begründen, aber wie hat Pythagoras sie bewiesen – wenn er es wirklich tat?"

„Ich weiß, dass es Hunderte von Beweisen gibt",[5] sagte Ms. Hirsch, bevor sie Jules Frage beantwortete, „darunter einen, den im neunzehnten Jahrhundert ein gewisser James A. Garfield, der später Präsident der Vereinigten Staaten werden sollte, vorgelegt hat. Doch wie Pythagoras sich selbst von der Richtigkeit seiner Aussage überzeugt hat, wissen wir nicht. Im Grunde müssen wir uns zuerst klarmachen, was zu seiner Zeit überhaupt unter einem mathematischen Beweis verstanden wurde."

„Der bekannte britische Mathematiker Michael Atiyah sagte einmal, dass der Beweis der Kitt ist, der die Mathematik zusammenhält", bemerkte Jule. Die Idee des Beweises entwickelte sich jedoch erst mit der Zeit. 1988 wurde die Nichtexistenz einer projektiven Fläche zehnter Ordnung, eine über zwei Jahrhunderte diskutierte Frage in der Geometrie, ein für allemal geklärt, wobei für die Durchführung von bestimmten Teilen des Beweises ein Supercomputer eingesetzt wurde. Das Problem war, dass nur ein Computer diese Teile des Beweises prüfen konnte. Oder wie die *New York Times* schrieb: ‚Ist ein mathematischer Beweis ein Beweis, wenn niemand ihn nachprüfen kann?'"

„Gestatten Sie, dass wir uns wieder den Griechen zuwenden." Laura Hirsch war dem Exkurs in die Mathematik des zwanzigsten Jahrhunderts nur widerwillig gefolgt. Sie suchte einige Augenblicke auf ihrem Laptop. „Hier ist es. Das sind die Auszüge eines Buches über die Anfänge der griechischen Mathematik. Lesen Sie selbst." Sie reichte ihm den Laptop.

Der wesentliche Unterschied zwischen griechischer und orientalischer Wissenschaft ist, dass Erstere ein ausgeklügel-

[5] Siehe Anhang 4 für einen visuellen Beweis des Theorems

tes System von Erkenntnissen darstellt, das nach dem Prinzip der logischen Deduktion aufgebaut ist, während Letztere nicht mehr ist als eine Sammlung von Anleitungen und Faustregeln, oft ergänzt durch Beispiele, die damit zu tun haben, wie bestimmte mathematische Aufgaben ausgeführt werden. […]

Der mathematische Ausdruck für Beweis und beweisen ist das griechische Verb δεικνυμι, *und es ist ziemlich sicher, dass das Verb von Anfang an im wörtlichen und im übertragenen Sinn „zeigen" bedeutete und demzufolge auch „erklären". […] Ohne sich auf das Verb zu beziehen, haben einige Wissenschaftler auf die Bedeutung des visuellen Beweises in der frühen griechischen Mathematik hingewiesen. Das legt die Vermutung nahe, dass die ersten „Beweise" etwas mit „zeigen" oder dem „Sichtbarmachen" von Tatsachen zu tun gehabt haben könnten; anders ausgedrückt,* δεικνυμι *könnte in der Mathematik ein Fachausdruck für „Beweis" geworden sein, denn „beweisen" bedeutete ursprünglich „die Richtigkeit (oder Unrichtigkeit) einer mathematischen Aussage auf eine bestimmte Weise sichtbar zu machen" […].*

Hier ein Beispiel für Mathematikunterricht im Altertum, das unsere Annahme zu stützen scheint. Es ist eine Passage aus Platos Meno, in welcher Sokrates einen Sklaven fragt, wie die Fläche eines Quadrats, dessen Seiten eine Länge von zwei Einheiten haben, verdoppelt werden kann, ohne seine Form zu verändern. Dann zeichnet er ein Schaubild [siehe (1) in der Abbildung], welches das Quadrat zeigt, dessen Fläche es zu verdoppeln gilt. Auf die Antwort des Sklaven, dass das Quadrat möglicherweise verdoppelt werden könnte, indem man die Länge der Seiten verdoppelt, zeichnete Sokrates ein zweites Diagramm (2), um zu zei-

gen, dass das Quadrat, dessen Seiten die zweifache Länge des ursprünglichen Quadrats aufweisen, eine vier Mal größere Fläche besitzt. Dann machte er sich daran, ein drittes Diagramm (3) zu zeichnen, welches zeigt, dass ein Quadrat, dessen Seiten drei Einheiten lang sind, eine Fläche von neun Quadrateinheiten hat und deshalb nicht das Doppelte des ursprünglichen sein kann. In seinem vierten Diagramm (4) zeigte er schließlich, dass das Quadrat über der Diagonalen genau die zweifache Fläche des Ausgangsquadrats besitzt.

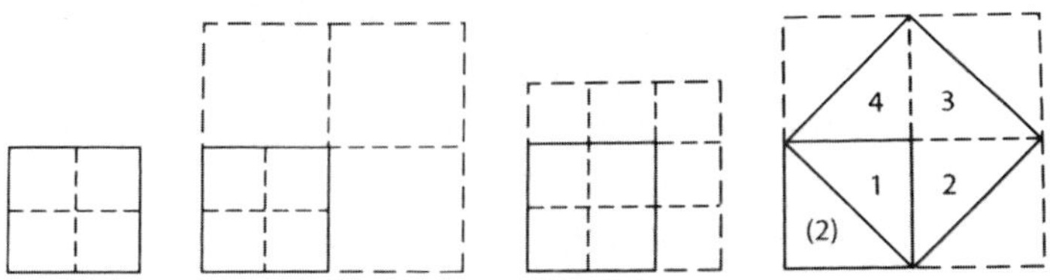

(1) (2) (3) (4)

Ich denke, diese Passage von Plato veranschaulicht sehr gut die Art und Weise, wie Aussagen in einem frühen Entwicklungsstadium der griechischen Mathematik verifiziert wurden, das heißt, sie macht uns klar, wie Thesen in der alten Bedeutung des Wortes „bewiesen" wurden. Die Aussage, die oben dargestellt und „bewiesen" wurde, kann man folgendermaßen formulieren: „Ein Quadrat, das über der Diagonalen eines anderen konstruiert wird, besitzt die doppelte Fläche des anderen." [...]
Demgegenüber erscheinen die Beweise in Euklids Elementen [rund zwei Jahrhunderte später] bereits in einer verfeinerten Form. [...] Ihm ist weniger daran gelegen, seine

Aussagen visuell zu begründen, sondern er ist vielmehr darauf aus, den Leser durch eine Kette abstrakter Argumente von deren Richtigkeit zu überzeugen.

Nachdem Jule den Text gelesen hatte, schwieg er und starrte auf den Computermonitor. Eine Minute verstrich, bis Laura Hirsch schließlich das Schweigen brach: „Also, was meinen Sie?"

Jules antwortete mit einer Gegenfrage: „War Sokrates ein Zeitgenosse von Pythagoras?"

„Nein, er wurde ungefähr siebzig Jahre nach Pythagoras' Tod geboren. Weshalb fragen Sie?"

„Weil seine Lösung des Problems zugleich ein sehr einfacher Beweis von Pythagoras' Theorem ist, wenn auch für den besonderen Fall eines gleichschenkeligen Dreiecks."

„Wie denn das?" Sie schien überrascht.

„Kommen Sie und werfen Sie einen Blick auf Sokrates' viertes Diagramm." Sie rückte an seine Seite.

„Die Diagonale des Quadrats ist zugleich die Hypotenuse eines rechtwinkligen Dreiecks, dessen beiden anderen Seiten die Seiten des Quadrats sind", erklärte Jule und zog mit dem Finger das Dreieck auf dem Bildschirm nach. „Also ist das Quadrat über der Diagonalen das Quadrat über der Hypotenuse, und Sokrates hat gezeigt, dass dessen Fläche das Doppelte der Fläche des Ausgangsquadrats oder, mit anderen Worten, gleich der Summe der Quadrate über die beiden anderen Seiten ist."

Es dauert nur einen Augenblick, bis die Professorin für Altertumswissenschaft Jules Argumentation begriff. „Ich bin beeindruckt", sagte sie und drehte den Kopf, um ihn anzusehen.

Jule ignorierte das Kompliment. „Ich wette, Pythagoras hat eine ähnliche geometrische Konstruktion benutzt, um sich von der Richtigkeit seiner Aussage im allgemeinen Fall zu überzeugen. Übrigens, Ihr indischer Mathematiker, der das Theorem vor einer Ewigkeit formuliert hat – ‚Eine an die Diagonale angelegte Schnur …' –, erwähnt an keiner Stelle ein Rechteck, vielleicht bezog sich seine Behauptung auch nur auf den besonderen Fall des Quadrats."

„Sie haben Recht – und Sie sind nicht der Erste, der diese Frage aufwirft. Aber lassen Sie uns fortfahren. Ich hatte die Absicht, Ihnen alles über Pythagoras und seine Schule zu erzählen, und bin damit immer noch ganz am Anfang."

Sie ging zu ihrem Sessel zurück und setzte ihre Vorlesung fort.

„Für Pythagoras war der Verstand die wichtigste menschliche Eigenschaft, denn dieser ermöglichte eine Form des Wissens, die jede andere an Tiefe und Gewissheit übertraf. ‚Möge Vernunft, die göttliche Gabe, die höchste Richtschnur sein', lehrte er. Seine Sicht der Dinge fußte auf dem Grundsatz, dass Zahlen die Welt bestimmen, oft zu dem Diktum verdichtet: ‚Alles ist Zahl.' Er schien zu diesem radikalen Schluss durch die Beobachtung gekommen zu sein, dass in der Musik wohlklingende Intervalle, also Oktaven, Quinten und Quarten, wie sie heute genannt werden, zustande kommen, wenn man zwei gespannte Saiten anschlägt, deren Längen im gleichen Verhältnis stehen wie zwei ganze Zahlen – 2 zu 1 beziehungsweise 3 zu 2 beziehungsweise 4 zu 3. Eine derart kühne Verallgemeinerung mag uns heute naiv erschienen, was aber, wenn die Pythagoreer Belege gefunden hätten, die ihre Auffassung stützen? Was, wenn sie entdeckt hätten, dass der Kosmos eine Art unendliches Hologramm ist. Dann würde ein kleines Fragment des Hologramms sämtliche Eigenschaften des Ganzen besitzen, und alle Rätsel des Universums könnten in einem winzigen Korn desselben verborgen sein – einem krabbelnden Insekt, dem Lächeln eines Kindes oder einer schwingenden Saite.

Anklänge an Pythagoras' Lehrsatz lassen sich noch 2000 Jahre später in Galileos Ansicht finden, dass das Buch der Natur in der Sprache der Mathematik geschrieben sei. Tatsächlich teilten viele berühmte Gelehrte, von Kepler bis Einstein, um nur zwei zu nennen, Pythagoras' Vorstellung von einem Universum, das von Zahlen und Harmonie bestimmt ist und dessen innere Wirkmechanismen verstanden werden könnten, indem man die zugrunde liegenden mathematischen Beziehungen aufdeckt.

Als Kepler Anfang des siebzehnten Jahrhunderts die Gesetze der Planetenbewegungen entdeckte, hatte ihn sein fester Glaube an die pythagoreischen Grundsätze geleitet. Für ihn hatte die Geometrie Gott ein Vorbild für die Erschaffung der Welt gegeben; und die Umlaufgeschwindigkeiten der Planeten waren eine Spiegelung wohlklingender Tonintervalle, sodass die Bewegungen der Himmelskörper in ihrem periodischen Lauf um die Sonne die ‚Sphärenmusik' hervorbrachten, die nicht durch das Gehör, sondern durch den Verstand empfangen wird.

Was Einstein betrifft, so lehnte dieser nicht nur die wahrscheinlichkeitstheoretischen Grundlagen der Quantenmechanik mit dem Einwand ab, dass Gott nicht würfelt, sondern er schrieb auch, dass ein Wissenschaftler als Platoniker oder Pythagoreer gelten kann, wenn er logische Einfachheit für ein unentbehrliches und wirksames Werkzeug der Forschung hält, ein Standpunkt, den dieser selbst sich zu eigen gemacht hatte.

„Nachdem wir aber Galaxien und Gene, Quantenphänomene und chaotische Systeme erforscht und einen flüchtigen Blick auf die Komplexität biologischer Prozesse geworfen haben, wissen wir heute, dass das Universum nicht nach dem simplen Prinzip ‚alles ist Zahl' funktioniert. Und dennoch ...

verdanken wir es den Zahlen, dass wir innerhalb kürzester Zeit nicht nur Informationen speichern, übertragen und vervielfältigen können, sondern auch Klänge und Bilder. In einem ganz realen Sinn *ist* eine CD oder DVD, ein digitales Bild oder ein digitaler Film eine Folge von Zahlen – die Nullen und Einsen des jeweiligen binären Codes. Entscheidungen, die das Schicksal fast jedes Menschen berühren, beruhen auf Statistik, einer komplexen Form der numerischen Manipulation. Zahlen werden auch in subtiler Weise benutzt, um zu kontrollieren, irrezuführen oder zu betrügen, zum Beispiel dann, wenn Intelligenz als IQ gemessen wird, oder wenn der Zustand jener komplizierten Realität, die wir ‚die Wirtschaft' nennen, numerisch als Bruttosozialprodukt ausgedrückt wird.

Zahlen allein regieren vielleicht nicht die von Gott geschaffene Welt der Natur, wie Pythagoras glaubte – und was das betrifft, ist er widerlegt worden –, sie beherrschen aber immer mehr die von Menschen gemachte Welt, also das Leben in einer modernen Gesellschaft. Das ist Pythagoras' Rache."

Ist das auch der Titel Ihres Buches?", fragte Jule.

„Vorläufig ja", antwortete sie, „aber in solchen Dingen haben immer die Verlage das letzte Wort."

Professor Hirschs Vorlesung dauerte noch weitere gut drei Stunden. Gelegentlich las sie aus einem dicken Ordner mit Notizen oder von ihrem Computermonitor ab, und hin und wieder unterbrach Jule sie mit einer Frage. Sie bemerkten kaum, als die alte Frau hereinkam, um ein Tablett mit Kaffee, Sandwiches und etwas Obst dazulassen.

Trench kam gegen vier Uhr vorbei. Sie informierten ihn über die Vorgehensweise und andere Einzelheiten der Operation, die sie „Die Suche" nannten, und deren Ziel es war, Pythagoras' Reinkarnation zu finden und in den Tempel zu bringen. Jule und Laura würden für das „Finden" zuständig sein (wer und wo er ist), während Rocky und Houdini für das „Bringen" dazugeholt würden, falls Jule und Laura wirklich erfolgreich sein sollten.

Für die kommenden Wochen – oder Monate – würden sie in einem Hotel in der Innenstadt unterkommen und bei Richter in Highland Park arbeiten, wo ein Büro mit neuester Technik eingerichtet worden war.

Ihre Aufgabe war, gelinde gesagt, keine leichte, ganz zu schweigen von der Tatsache, dass sie möglicherweise hinter einem Geist her waren, sollte sich die Geschichte von Pythagoras' Wiedergeburt als Märchen erweisen, als eine dieser alten Legenden, von denen es so viele gibt. Verblendet von ihrem Glauben, hatten die Mitglieder der neupythagoreischen Sekte diese Möglichkeit niemals in Betracht gezogen – und Laura und Jule war es ebenfalls nicht gestattet, so etwas zu denken, wie Trench ihnen klar gemacht hatte. Die Frage war also: Wo anfangen?

17
Das Schlangensymbol

Eine Woche nachdem Jule und Laura sich zum ersten Mal im Tempel begegnet waren, war die Suche nach Pythagoras' Reinkarnation in vollem Gang. In der von unerschütterlichem Glauben geprägten Atmosphäre hatte sich Jules anfängliche Skepsis gegenüber dem Gedanken der Wiedergeburt etwas gelegt. Er hatte vorgeschlagen, im Internet und in Zeitungen überall auf der Welt eine Art Lockvogelnachricht zu lancieren, die einen möglichen Kandidaten zu einer Antwort bewegen könnte, anderen jedoch nichts sagen würde. Aber Trench wollte davon nichts wissen, denn er fürchtete, mit Anrufen von Betrügern und allen möglichen Spinnern bombardiert zu werden, Leuten auf der Suche nach Aufmerksamkeit oder Schlimmerem.

Sie begannen sich umzusehen, wie andere Religionen, die mit ähnlichen Fragen konfrontiert waren, das Problem anpackten, und studierten den Fall des tibetischen Buddhismus. Nach dem Tod eines Dalai Lama, des höchsten geistigen Führers, wurde eine Suchmannschaft aus Mönchen und anderen Lamas auf die Suche nach dessen Reinkarnation geschickt. Ihre Nachforschungen konnten Jahre dauern. Der dreizehnte Dalai Lama, der 1933 starb, hatte seine Reinkarnation in einem Traum gesehen. Er beschrieb ein kleines Haus mit auffälligen Regenrinnen, hinter dem eine alte Pappel stand und von dem aus man in einiger Entfernung das vergoldete Dach eines Klosters sehen konnte. Ein Ort, der dem beschriebenen verblüffend ähnlich war, wurde von dem Suchkommando etwa vier Jahre später gefunden. Ein zweijähriger Junge namens Tenzin Gyatso lebte mit seiner Mutter in dem Haus. Nachdem die Lamas die Erlaubnis erhalten hatten, einige Prüfungen durchzuführen, breiteten sie eine Reihe von Gegenständen vor dem Jungen aus – einige davon hatten dem vorangegangenen Dalai Lama gehört. Dann baten sie Tenzin, diejenigen Sachen herauszugreifen, die ihm gefielen. Vertrautheit mit den persönlichen Gegenständen des vorangegangenen Dalai Lama wird als wichtigstes Zeichen der Reinkarnation angesehen. Als der Junge fertig war, hatte er alle Gegenstände ausgewählt, die dem dreizehnten Dalai Lama gehörten, und keinen der anderen. Tenzin wurde weiteren Prüfungen unterzogen und schließlich zur Wiedergeburt des Dalai Lama erklärt.

Die Suche nach Pythagoras' Reinkarnation konnte allerdings nicht genau nach diesem Vorbild vonstatten gehen. Zum einen hatten sie weder die Beschreibung eines Ortes noch Prüfungen, um mögliche Kandidaten zu beurteilen; überdies gab es keinen besonderen Grund, Pythagoras' Wiedererscheinen nach zweieinhalbtausend Jahren genau dort zu erwarten, wo er zuletzt gelebt hatte – im heutigen Süditalien. Demgegenüber ereigneten sich die Reinkarnationen des Dalai Lama alle innerhalb eines kleinen geographischen Gebiets und in viel kürzeren zeitlichen Abständen. Alles, was sie wussten, war, dass sie, wenn Pythagoras wie vorhergesagt um die Mitte des zwanzigsten Jahrhunderts wiedergeboren wurde, nach einem fünfunddreißig bis fünfundvierzig Jahre alten Mann suchten – nicht wirklich die Art von Information, welche die Suche deutlich eingrenzte. Sie mussten also unbedingt an das Manuskript kommen, in dem sich die Hinweise befanden, wie Pythagoras erkannt werden konnte.

Der vielversprechendste Anhaltspunkt, den sie besaßen, war das mittelalterliche Buch oder vielmehr Buchfragment, das Trench von seinem Londoner Agenten gekauft hatte: vier Pergamentbogen, acht Seiten insgesamt, mit einer Mischung aus kunstvollen Mustern, Bildern, mathematischen Symbolen und einer Art kurzem Gedicht in griechischer Sprache. Zwei der Bogen waren an den Rändern von Nagetieren angefressen worden, vom Inhalt fehlte jedoch nichts Wichtiges. Allerdings war die letzte Seite von violettfarbenem Schimmel befallen und praktisch unlesbar, auch nachdem sie vorsichtig mit Lauge gereinigt worden war.

Um sicherzugehen, dass sich auf den Bogen keine verborgenen Texte oder Zeichnungen befanden, hatte Jule sie einer spektroskopischen Analyse unterzogen. Das Ergebnis war negativ.

Da es sich bei dem Buch höchstwahrscheinlich um eine Abschrift handelte, war es möglich, dass der Kopist seine eigene künstlerische Handschrift hinterlassen hatte. In diesem Fall wären einige der Seiten bedeutungslos, sofern die geheime Botschaft, nach der sie suchten, betroffen war. Wie dem auch sei, Laura und Jule hatten das deutliche Gefühl, wenn nicht gar die Überzeugung, dass nur zwei der Seiten ihre Aufmerksamkeit verdienten: nämlich die vierte und die sechste, auf denen der in zwei Kreise einbeschriebene fünfzackige Stern, das Pentagramm – das Erkennungszeichen der Pythagoreer – dargestellt war.

Sie nahmen sich zuerst die sechste Seite vor, in deren Mitte sich ein kurzes Gedicht in griechischer Sprache befand. Den übrigen Raum nahmen Arabesken ein, die offensichtlich mehr waren als bloße Verzierung. Laura kamen die Verse irgendwie bekannt vor:

Er ist ein Mensch von außergewöhnlicher Weisheit
kundig in den Geheimnissen der Zahl;
Einer, der unter allen Menschen
die höchste Geisteskraft besitzt.

War das ein Hinweis auf Pythagoras? Die Beschreibung passte zweifellos auf ihn, sie könnte sich aber genauso gut auf eine Reihe anderer Philosophen und Mathematiker der griechischen Antike beziehen.

Zwei Tage später, am Nachmittag, schreckte Laura Jule mit einem lauten „Ich hab's!" auf.

„Was gibt's?", fragte er und drehte sich auf dem Stuhl zu ihr um.

„Empedokles."

„Wer?"

„Das Gedicht. Es ist eine kürzere Fassung einiger Verse von Empedokles."

„Verzeihen Sie mir meine Unwissenheit, aber welche Verse, und wer ist Empedokles?"

„Ein griechischer Dichter aus vorsokratischer Zeit und laut Aristoteles der Begründer der Rhetorik. Was die Verse angeht, ich habe den Hinweis gerade im neunten Buch von Timäus' *Historien* gefunden:

Unter diesen war einer der erhabensten Dinge kundig;
ein Mensch von bewunderungswürdiger Weisheit,

sein Geist mit allen Gaben der Gelehrsamkeit gesegnet.
Und wenn er alle Kräfte seines Verstandes entfaltete,
überblickte er mit Leichtigkeit alle existierenden Dinge,
so weit wie zehn oder zwanzig Generationen des Menschengeschlechts!

Timäus, ein griechischer Geschichtsschreiber, glaubt, dass Empedokles an Pythagoras dachte, als er seine rätselhaften Verse schrieb, und er fügt hinzu:

‚Die Worte *erhabenste Dinge, er überblickte alle existierenden Dinge, mit allen Gaben der Gelehrsamkeit gesegnet* und dergleichen sind ein Hinweis auf die Natur von Pythagoras' Persönlichkeit, Auffassungsgabe und Erkenntniskraft, die außergewöhnlich und überragend präzise waren.'"

„Das bestätigt nur, was wir schon vermutet haben", sagte Jule ohne große Begeisterung, „dass diese Pergamentbogen etwas mit Pythagoras zu tun haben. Bleibt allerdings die Frage: Ist in ihnen eine Botschaft verborgen? In dem Gedicht kann ich keine erkennen; es ist nicht mehr als ein Hinweis auf Pythagoras."

Laura, glücklich darüber, die Quelle des Gedichts gefunden zu haben, teilte Jules kaum verhohlenen Pessimismus nicht: „Konzentrieren wir uns also auf die andere rätselhafte Seite. Ich bin sicher, sie ist der Schlüssel zu dem Geheimnis", sagte sie, mehr hoffend als überzeugt.

Die vierte Seite enthielt eine kunstvoll ausgeführte Zeichnung. Um sie richtig betrachten zu können, musste man das Buch um neunzig Grad im Uhrzeigersinn drehen. In der Mitte der Zeichnung war ein schlangenähnliches Ungeheuer oder ein Drache innerhalb einer mandelförmigen Raute dargestellt. In symmetrischer Anordnung zu beiden

Seiten der Raute befanden sich zwei weibliche Figuren, jede mit Tunika und Pallium bekleidet, einem römischen Gewand griechischen Ursprungs, das von Geistlichen getragen wurde; eine der beiden Figuren hielt einen Stab, die andere eine Schriftrolle. Die Figuren schienen aus einer stilisierten Lilienblüte zu ihren Füßen herauszuwachsen und waren von jeweils zwei Füllhörnern eingerahmt.

War das eine Anspielung auf die Papyrusrolle und auf eine hoch gestellte Persönlichkeit, vielleicht eine Priesterin, die sie behütete? Sie bezweifelten es. Die Rolle stach dafür zu wenig hervor; sie war unter all den anderen Bildelementen praktisch nicht zu erkennen. Lauras und Jules Aufmerksamkeit richtete sich eher auf das zentrale Motiv der Zeichnung: die Schlange in der Mitte der Seite.

Sie hatten keine Ahnung, wann die Schlange gezeichnet worden sein könnte. Die genaueste Schätzung, die sie für das Alter des Pergaments bekommen hatten, lag bei ungefähr achthundert Jahren – das ging also zurück bis ins dreizehnte Jahrhundert –, die Originalzeichnung konnte aber durchaus aus dem ersten Jahrhundert nach Christus stammen oder sogar noch älter sein. Jule baute darauf, dass Lauras fast enzyklopädisches Wissen über die Antike sie weiter bringen würde.

„Die Schlange ist ein uraltes und universelles Symbol der Weisheit", klärte sie ihn auf. „Nur in christlicher Zeit wurde es mit dämonischen Attributen versehen und als Zeichen des Bösen verwendet."

Jule fiel auf, dass die zwei Frauengestalten Priesterinnen sein konnten, die in Ehrerbietung vor der Schlange standen und die Füllhörner dem heiligen Tier als Opfergaben darboten. „Gab es irgendeine bestimmte Schule oder Sekte, die die Schlange verehrte oder sie als ein zentrales kultisches Element verwendete?", fragte er.

„Tatsächlich gab es einige. Ihre Mitglieder hießen Ophiten, von griechisch *ophis*, ‚Schlange'. Diese Sekten und Gruppen kamen im Römischen Reich im zweiten Jahrhundert nach Christus auf. Sie waren der Überzeugung, dass sie über ein geheimes Wissen verfügten, das für Außenstehende verschlossen war und das nicht auf Reflektion oder wissenschaftlicher Untersuchung gründete.

Die Schlange spielte besonders in der Verehrung und Symbolik der Naassener, von dem hebräischen Wort für Schlange, *nahash*, eine zentrale Rolle. Die Mitglieder dieser gnostischen Sekte betrachteten den Drachen oder die Schlange als Sinnbild der Weisheit, als die erlösende Macht, durch welche Adam und Eva die höchstwichtige Erkenntnis von Gut und Böse erlangten und von der Existenz eines Höchsten Wesens erfuhren, höher als Jehova, ihr Schöpfer, der ihnen dieses Wissen vorenthalten hatte."

„Ich verstehe", sagte Jule nachdenklich. Er schien enttäuscht. Nach einigen Augenblicken sprach er weiter, mit einem Anflug von Frustration in der Stimme:

„Ich kann keinerlei Verbindung zu den Pythagoreern erkennen. Sie erhielten ihr Wissen nicht von irgendeinem höheren Wesen, sondern durch die Lehren Pythagoras'; und wenn ihnen etwas heilig war, dann sicher keine Schlange, sondern die Tetraktys, zehn in der Form eines Dreiecks angeordnete Punkte. Ich fürchte, wir sind auf der falschen Fährte."

Laura war nicht so pessimistisch. „Nicht unbedingt", sagte sie. „Neupythagoreische Sekten gibt es seit dem zweiten Jahrhundert nach Christus, einer Zeit, als man abstrakter Philosophie und nüchterner Formalismen allmählich überdrüssig wurde. Es ist durchaus möglich, dass sich eine Splittergruppe von Neupythagoreern von ophitischen Riten angezogen fühlte, während sie gleichzeitig das Bedürfnis hatten, die Geheimnise der Vergangenheit, einschließlich der Ankündigung von Pythagoras' Wiedergeburt, zu bewahren. Wenn das zutrifft ..."

„Augenblick!", unterbrach er sie. Ein Funke von Erregung flackerte in seinen grünen Augen auf. „Vielleicht versuchen wir zu viel aus der Zeichnung herauszulesen", sagte er. „Ich meine, wir vermuten, dass sie eine Art verschlüsselte Botschaft enthält, die es zu enträtseln gilt."

„Natürlich tun wir das", fiel Laura ein. „Sind wir nicht zu dem Schluss gekommen, dass die Anwesenheit des Pentagramms kein Zufall ist, sondern ein Indiz dafür, dass die Zeichnung einen Zweck und eine Bedeutung in Bezug auf Pythagoras hat?"

„Ich stelle nicht die Tatsache in Frage, dass die Zeichnung eine Absicht verfolgt, die im Zusammenhang mit Pythagoras steht", antworte Jule ruhig, „nur, dass sie nicht unbedingt eine Bedeutung haben muss – zumindest nicht für uns."

„Aber dann ..."

„Was ich versuche zu sagen, ist, dass die Zeichnung bloß die Reproduktion einer ähnlichen Darstellung ist, die irgendwo existiert, an einem Ort, wo es etwas *gibt*, das mit Pythagoras zu tun hat. Vergessen wir ihre Bedeutung, der Zweck der Zeichnung ist, die Aufmerksamkeit auf diesen Ort zu lenken."

Wie Sonnenstrahlen, die durch eine Wolkenlücke brechen, leuchtete Jules Interpretation der Zeichnung Laura plötzlich ein: „Natürlich!", rief sie begeistert aus, „ich bin ziemlich sicher, dass Sie Recht haben."

Es war nur ein kleiner Erfolg, aber er genügte, ihnen das Gefühl zu geben, dass sie Fortschritte machten – was bis zu diesem Zeitpunkt nicht der Fall gewesen war. Sie verbrachten jeden Tag viel Zeit im Internet, um die Online-Ausgaben der internationalen Presse nach irgendetwas zu durchforsten, das von – wenn auch noch so geringer – Bedeutung für ihre Suche sein konnte. Nicht, dass sie erwarteten, auf die Schlagzeile zu stoßen: „Mann behauptet, der antike griechische Philosoph Pythagoras zu sein." Sprachlich gab es einige Einschränkungen: Jule sprach nur Englisch fließend und konnte etwas Französisch lesen, während Laura Deutsch und Griechisch sprach. Sie stellten sich jedoch vor, dass die Nachricht, wenn sie ungewöhnlich genug war, auch in englischsprachigen Zeitungen erscheinen würde.

Nach ihrer anfänglichen Begeisterung über die Entdeckung, dass die Zeichnung auf einen besonderen Ort hindeutete – woran sie nicht zweifelten –, wurde ihnen jetzt klar, dass möglicherweise noch ein langer und schwieriger Weg vor ihnen lag. Der Ort, nach dem sie suchten, war höchstwahrscheinlich ein antiker Tempel, und falls dieser nicht irgendwann einmal von Archäologen ausgegraben worden war, gab es kaum begründete Hoffnung, ihn jemals zu finden. Und selbst wenn die Überreste des Tempels schon entdeckt worden waren, musste die Malerei oder Zeichnung an Wand oder Decke in einem ziemlich guten Zustand sein, wenn man sie noch erkennen wollte. Laura versuchte optimistisch zu sein: „Als Evans die Ruinen des Minos-Palastes, der legendären Heimstatt des Minotauros auf Kreta, ausgrub, fand er viele Wandmalereien, die bis 1500 vor Christus zurückdatierten und die in der Mehrzahl recht gut erhalten waren. Wer sagt, dass wir nicht genauso viel Glück haben?"

Zunächst aber mussten sie den Ort identifizieren. „Wäre es nicht schön", dachte Laura, „wenn man das Internet nach Bildern durchsuchen könnte, so wie es für Wörter oder Phrasen möglich war? Doch noch waren die Suchmaschinen dafür nicht ausgeklügelt genug, sie mussten sich also herkömmlicher Methoden bedienen. Laura würde mithilfe ihrer zahlreichen Kontakte in Archäologen- und Historikerkreisen die Berichte und Archive archäologischer Expeditionen durchforsten. Da die Sekte der Naassener, die der Schlange mit besonderer Hingabe huldigte, wahrscheinlich in Phrygien – einer ausgedehnten Region in Kleinasien, die ungefähr die heutige Türkei umfasste – ihren Ursprung hatte, beschloss sie, Aufzeichnungen und Ausgrabungen aus diesem Gebiet zuerst unter die Lupe zu nehmen.

18
Eine professionelle Arbeit

Ende Januar erhielt Trench eine Nachricht von einem seiner Londoner Agenten: Ein altes Buch, das möglicherweise mit Pythagoras zu tun hatte, wurde auf einer Auktion zur Versteigerung angeboten. Trench beschloss daraufhin, Jule nach London zu schicken, damit er der Sache nachging.

„Sie müssen nach London fahren und sich ein Buch ansehen, das zur Versteigerung steht", teilte er Jule am Telefon mit. „Sie werden morgen Abend abreisen. Flug und Hotel habe ich bereits für Sie reserviert. Richter wird Ihnen einen Umschlag mit Adressen und weiteren Einzelheiten übergeben. Rufen Sie mich an, sobald Sie etwas wissen."

„Sicher" – das war alles, was Jule sagen konnte, bevor Trench das Telefonat mit einem höflichen „Angenehme Reise" beendete.

Zwei Tage später, nachdem er sich das Buch genauer angesehen hatte, rief Jule, seine Aufregung nur schwer unterdrückend, Trench an: „Ich bin mir ziemlich sicher, dass unsere Pergamentbogen mit den geheimnisvollen Zeichnungen aus diesem Buch herausgetrennt wurden. Wahrscheinlich hofft der Besitzer, mehr Gewinn zu machen, wenn er sie separat verkauft. Größe, Aussehen und

Alter des Pergaments stimmen sehr gut überein – ganz abgesehen von der Tatsache, dass beide Handschriften mit den Pythagoreern zu tun haben und ungefähr zur selben Zeit aufgetaucht sind.

„Das Buch ist in arabischer Sprache geschrieben. Nach den Angaben des Auktionators handelt es sich höchstwahrscheinlich um die im zwölften oder dreizehnten Jahrhundert angefertigte Übersetzung eines wesentlich älteren griechischen Manuskripts, in dem ein Schüler Pythagoras' über die tragischen Umstände berichtet, unter denen sein Meister ums Leben kam. Obwohl diese Interpretation Fragen aufwirft, besitzt das Buch zweifellos historischen Wert. Das Mindestgebot wird bei hundertachtzigtausend Pfund beginnen."

Trench hielt einen Moment lang inne, bevor er reagierte, als ob er etwas im Kopf ausrechnen würde: „Ich wäre nicht überrascht, wenn es für mehr als das Dreifache verkauft würde", sagte er schließlich, „was fast eine Million Dollar wäre." Dann fügte er mit einer Spur von Enttäuschung in der Stimme hinzu: „Ich fürchte, das ist weit mehr, als wir uns leisten können."

„Das macht nichts. Wir müssen es ja nicht unbedingt kaufen."

„Was meinen Sie?"

„Ich meine, alles was wir tun müssen, ist herauszufinden, was in dem Buch steht, oder vielmehr, ob etwas darin steht, was uns bei unserer Suche nach Pythagoras helfen könnte."

„Und wie machen wir das, wenn wir das Buch nicht haben? Ich nehme nicht an, dass sie Fotokopien davon verteilen." Trench fiel es schwer, seinen wachsenden Missmut zu verbergen.

„Natürlich tun sie das nicht. Interessierten Kunden ist es aber gestattet, das Objekt näher in Augenschein zu nehmen, sie dürfen nur keinerlei Bilder machen. Sie bekommen lediglich die Fotokopie einer halben Seite des Buches, eine kurze Zusammenfassung seines mutmaßlichen Inhalts und die Kopie eines Laborberichts, der das ungefähre Alter des Pergaments bestätigt."

„Wie gehen wir also weiter vor?" Er hatte sich wieder beruhigt und spürte, dass Jule mit etwas herausrücken würde, was sie aus der Sackgasse führen könnte.

„Der Kollege, der die Zusammenfassung geschrieben hat, ist Professor in Oxford", begann Jule zu erklären, und als er fortfuhr, schien sich Trenchs Eindruck zu bestätigen. „Er muss das ganze Buch gelesen und es übersetzt haben. Ich frage mich, ob Laura, als Kollegin und Autorin eines Buches über Pythagoras, ihn dazu bringen könnte, sein Wissen mit ihr zu teilen."

„Es würde mich wundern, wenn er das täte. Sie wissen besser als ich, wie die akademische Welt funktioniert. Der Kerl wird den ganzen Ruhm für sich haben wollen, und wir müssen Monate warten, bis sein Artikel über das Manuskript veröffentlich wird." Es gab eine Pause, in der Trench ein Gedanke kam. Dann sagte er: „ Ich habe eine bessere Idee. Versuchen Sie möglichst viel über diesen Oxford-Professor herauszufinden: wo er wohnt, ob er Familie hat, solche Dinge. Wie sagten Sie, war sein Name?"

„Elmer Galway."

Trench lächelte, als er die Unterhaltung beendete: „Danke, rufen Sie mich an, sobald Sie die Informationen haben." Der Gedanke, den er vorhin hatte, war: „Das ist ein Job für Houdini."

An einem kalten und windigen Februarmorgen – unheilvolle graue Wolken hingen tief am Himmel über Oxford – brach Elmer Galway mit Slipper zum gemeinsamen Frühspaziergang auf. Es war ihr tägliches Ritual, das nur im Fall von Krankheit oder zu schlechtem Wetter ausfiel, ansonsten aber mit der Regelmäßigkeit eines Uhrwerks zwischen Viertel nach sechs und Viertel vor sieben Uhr vollzogen wurde.

Für das Herrchen war es eine Gelegenheit, über anstehende Probleme oder ein für den Tag geplantes Vorhaben nachzudenken, während der Hund, unbelastet von derlei menschlichen Sorgen, eifrig andere Angehörige seiner Spezies anbellte, Eichhörnchen jagte, das Bein hob und es sich insgesamt gut gehen ließ.

An diesem besonderen Morgen schweiften Galways Gedanken zu der bevorstehenden Versteigerung der pythagoreischen Handschrift. Er wünschte sich, dass das Ashmolean Museum es erwerben könnte. Dann würde er, der unangefochtene Experte für das vorsokratische Griechenland in Oxford, sich mit Hochdruck an die Untersuchung des Manuskripts machen und damit sicherstellen, dass er die Entdeckung einer historischen Sensation auf seine Fahnen schreiben konnte. Aber auch wenn ein anderer es kaufen würde, hatte er wenig zu befürchten. Seine kommentierte Übersetzung war fast reif zur Veröffentlichung, und Green hatte ihm zugesichert, dass keiner außer ihm das Buch vor der Auktion heute in acht Tagen in die Hände bekommen würde – abgesehen von der Fotokopie einer halben Seite, die nicht viel von dessen Inhalt preisgab. Dank seiner Freundschaft mit David Green hatte er von Insiderinformationen profitiert und sich damit möglicherweise ebenso schuldig gemacht wie jemand, der sich auf die gleiche Weise unerlaubt Vorteile im Finanzhandel verschafft. „Aber so ist das Leben“, dachte Galway, und dieses Mal stand er auf der Seite der Gewinner.

Durch einen plötzlichen Ruck an der Hundeleine wurde er für einen Augenblick aus seinen Gedanken gerissen: Slipper hatte ein Eichhörnchen erspäht und eine aussichtslose Jagd auf das kleine Tier gestartet. Nachdem er ein paar Meter weit mitgezerrt worden war, brachte ein beherzter Griff seines Herrchens den Hund wieder unter Kontrolle, während sich das Eichhörnchen auf den höchsten Ast eines kahlen Baumes flüchtete. Als sie um die Ecke bogen, schenkte Galway dem kleinen blauen Auto, das auf der gegenüberliegenden Straßenseite parkte, wenig Aufmerksamkeit. Sein Fahrer, ein drahtiger junger Mann in den Dreißigern, der eine Lederjacke trug, studierte aufmerksam eine Straßenkarte.

Nach dem Vorfall mit dem Eichhörnchen nahm Galway seinen Gedankenfaden wieder auf. Er hätte seinen Artikel früher einreichen können, wurde aber durch seinen – bislang erfolglosen – Versuch aufgehalten, sich einen Reim auf die verwirrenden Zeichnungen und Symbole auf den letzten acht Seiten des mittelalterlichen Buches zu machen. Diese Seiten waren nicht mehr in dem Buch, das jetzt zur Versteigerung stand. Sie waren von Señor de Burgos herausgetrennt worden und wurden später aus dessen Hotelzimmer gestohlen; sie waren praktisch verloren. Die Franziskaner, die das Buch in ihrer Basilika entdeckten, hatten aber Fotokopien gemacht, und über Sr. de Burgos hatte er Kopien von den Originalfotokopien der fehlenden Seiten bekommen. Deren schlechte Qualität machte ihre Interpretation noch schwieriger. In den kunstvoll ausgeführten Zeichnungen hatte er einen

Hinweis auf den Ort zu finden gehofft, an dem sich eine mutmaßlich von Pythagoras selbst beschriebene Papyrusrolle befand. Die historische Bedeutung eines solchen Dokuments, einer Art Heiliger Gral der Philosophie, wäre unermesslich groß. Er fragte sich, ob der Unbekannte, der de Burgos die Pergamentbogen gestohlen hatte, ebenfalls hinter Pythagoras' Rolle her war.

Als Galway sich am Ende seines Morgenspazierganges seinem Haus näherte, bemerkte er, dass das niedrige Eisentor zu dem kleinen Vorgarten offen stand. Er schloss es immer hinter sich, wenn er das Haus verließ. Als er die Eingangstür öffnete und eintrat, spürte er sofort, dass etwas nicht stimmte: Ein kalter Luftzug wehte vom hinteren Teil des Hauses herein. In dieser Jahreszeit hielt er gewöhnlich alle Fenster geschlossen. Ein Gedanke schoss ihm durch den Kopf: „Jemand ist eingebrochen". Er stürzte in sein Arbeitszimmer, dem bellenden Slipper hinterher, und fand eines der beiden Fenster weit geöffnet; der frostige Wind wirbelte Papierblätter durch den Raum. Sonst schien in dem Zimmer alles an seinem Platz. Als er das Fenster schloss, bemerkte er ein kreisrundes Loch in der Glasscheibe; es war säuberlich herausgeschnitten worden, um das Fenster von außen öffnen zu können – „eine professionelle Arbeit", musste er unwillkürlich denken. Er tätschelte Slippers Kopf, um den Hund zu beruhigen, und machte sich daran, die anderen Zimmer zu überprüfen. Wie es schien, fehlte auch im Wohnzimmer, im Schlafzimmer und in der Küche nichts. „Vielleicht hatte der Eindringling keine Zeit, etwas mitzunehmen", dachte er. Erst als er wieder in sein Arbeitszimmer gegangen war, um die Papierblätter vom Boden aufzusammeln, fiel ihm der leere Holzkasten unter dem Schreibtisch auf: Sein Computer war weg.

Er kontrollierte noch einmal systematisch alle Räume, beginnend mit seinem Arbeitszimmer. Es fehlte sonst nichts. Galway schloss daraus, dass es der Dieb gezielt auf die auf seinem Computer gespeicherten Dateien, beziehungsweise auf eine oder mehrere für ihn (oder sie) interessante Dateien abgesehen hatte. Er besaß von allen wichtigen Daten Sicherungskopien, sodass der Verlust des Computers nicht mehr als eine Unannehmlichkeit war, bis auf eine Sache: Seine Übersetzung des pythagoreischen Manuskripts befand sich auf der Festplatte. Sollte das die Information sein, hinter der der Eindringling her war? Galway musste sich eingestehen, dass er genau das dachte. Es schien so gut wie sicher, dass er nicht der Einzige war, der Pythagoras' Rolle suchte.

19

Mit etwas Hilfe von deiner Schwester

Der Winter 1997/98 war auf der ganzen Welt ungewöhnlich mild und feucht, eine Wetteranomalie, die Meteorologen mit der Anwesenheit einer warmen Meeresströmung im östlichen Pazifik, bekannt als El Niño, erklärten. In der Gegend von Chicago hatte das graue, regnerische Wetter bis in das Frühjahr hinein angehalten, doch am Morgen des 15. April, als Jule und Laura sich mit Trench und Richter trafen, um über den Stand der Suche nach Pythagoras zu reden, war keine einzige Wolke am Himmel zu sehen. Am selben Morgen, tausend Kilometer weit entfernt, war Johanna Davidson auf dem Weg von Boston nach Montreal, um eine lange erwartete Mathematikvorlesung an der McGill University zu hören.

Sie trafen sich in dem Raum des Tempels, in dem die höchsten Funktionsträger des Ordens ihre offiziellen Sitzungen abhielten. Ein ovaler Tisch, um den acht gepolsterte Stühle standen, nahm den größten Teil des Raumes ein. An einer Wand hing ein Ölportrait des rätselhaften Mr. S, des Gründers des Ordens, der als stummer Beobachter aus seinem vergoldeten Rahmen heraus die Ausführungen des Rates mitverfolgte. Jule und Laura hefteten den Blick auf das Bildnis des streng dreinblickenden Mannes mit weißem Bart und stechend schwarzen

Augen, bevor sie an einer Seite des Tisches Platz nahmen. Trench und Richter saßen ihnen gegenüber, den zwei großen Fenstern zugewandt, durch die die Morgensonne hereinschien. Der Zweck des Treffens bestand darin, eine Bilanz der Situation zu ziehen und das weitere Vorgehen zu besprechen. Die Stimmung im Raum war niedergedrückt und stand in scharfem Kontrast zu dem herrlichen Wetter draußen.

In einem Punkt war nur ein minimaler Fortschritt erzielt worden: Trotz aller Anstrengungen und vieler Reisen zu Bibliotheken und Museen war es Laura nicht gelungen, den Ort, von dem die Zeichnung mit der Schlangendarstellung stammen könnte, ausfindig zu machen. Sie hatte – den wahren Grund ihres Interesses an der Information sorgfältig verbergend – Hilfe bei Kollegen und anderen Fachleuten gesucht, jedoch ohne Erfolg.

Der einzige nützliche Hinweis kam von einer Freundin Lauras an der Yale University, Dr. Frieda Schneider, einer Spezialistin für gnostische Sekten, und dieser Hinweis untermauerte Jules Deutung der Zeichnung. Nachdem sie sie untersucht hatte, hatte sie Laura eine E-Mail geschickt:

Es ist gut möglich, dass dein Bild die Wand eines kultischen Ortes schmückte. Obwohl es für Weltliche keine Bedeutung hatte, könnte das Motiv für die Mitglieder einer Sekte wie die der Naassener als Sinnbild für ihre Glaubenslehre gestanden haben, nach welcher die Schlange, die in ihrer Vorstellung für die Weisheit stand, jedem Lebewesen Anmut und Schönheit gemäß seiner Natur zuteil werden lässt.

Eine weitere Verbindung mit den Naassenern ergibt sich aus der mandelförmigen Raute, in der sich die Schlange befindet. Eine präexistente Mandel symbolisierte für die Naassener den ‚Vater' oder Ursprung des Universums.

Obwohl sie kaum konkrete Ergebnisse erzielt hatten, war Lauras Entschlossenheit nach wie vor ungebrochen; sie glaubte immer noch daran, dass ihre Hartnäckigkeit irgendwann Früchte tragen würde. Trench erzählte sie nur soviel: „Ich bin nie davon ausgegangen, dass die Nachforschungen einfach sein würden und schnell zum Erfolg führen, aber ich bin weit davon entfernt aufzugeben. Außer mir und Dr. Schneider, die sich sehr für die Angelegenheit interessiert, arbeiten noch zwei meiner Doktoranden an dem Fall. Ich habe die Vermutung, dass der Tempel oder das Heiligtum, nach dem wir suchen, von einer der frühen deutschen oder britischen Expeditionen Anfang des neunzehnten Jahrhunderts entdeckt worden sein könnte. Vollständige Berichte sind allerdings schwer aufzutreiben."

„Sie haben unser volles Vertrauen, Dr. Hirsch", beruhigte Trench sie. „Es war nie unsere Absicht, Ihnen irgendeine Frist für Ihre Arbeit zu setzen."

„Als wir Sie und Dr. Davidson in das Team aufnahmen, haben wir nicht erwartet, Ergebnisse innerhalb einer bestimmten Zeit zu bekommen", sagte Richter mit ruhiger Stimme, sinngemäß Trenchs Worte wiederholend, „aber wir hegen keinerlei Zweifel am Endergebnis der Anstrengungen unserer Teams: unsere Wiedervereinigung mit der Reinkarnation des Meisters. Es ist eine Gewissheit, die wir nicht erklären können – wir haben sie einfach."

Die Entwicklungen an einer anderen Front waren ebenfalls nicht sehr ermutigend. Mit Houdinis Hilfe, und trotz ihrer Missbilligung der Methode, hatten Laura und Jule es geschafft, an Galways Übersetzung des in London zur Versteigerung stehenden mittelalterlichen Buches heranzukommen. Laut dem Professor aus Oxford handelte es sich bei dem Buch um die arabische Fassung eines Briefes, der von einem der Pythagoreer geschrieben worden war. Abgesehen von der Tatsache, dass er sich auf die Umstände von Pythagoras' Tod bezog, erwähnte der Brief die Existenz einer Schriftrolle aus der Feder des Meisters, ohne aber irgend einen Hinweis zu geben, wo sich die Rolle befand. Obwohl Laura von dieser neuen Information über den Tod des Philosophen entzückt war, und sie sich vornahm, diese für ihr Buch zu verwenden, war sie für die Suche nach dessen Wiedergeburt nicht wirklich hilfreich.

Wenn die Ergebnisse dürftig waren, dann lag es nicht am mangelnden Einsatz. In den vergangenen drei Monaten hatten Laura und Jule ihr ganzes Talent und ihre gesamte Energie in die Suche gesteckt. Wenn sie nicht gerade unterwegs waren, um eine Spur zu verfolgen, trafen sie gewöhnlich morgens um halb neun mit dem Taxi bei Richter ein und arbeiteten bis sechs Uhr nachmittags; sie arbeiteten fünf und manchmal sechs Tage in der Woche. Sie aßen im Esszimmer mit Richter zu Mittag, gefolgt von einer kurzen Pause, bevor sie ihre Arbeit wieder aufnahmen und den ganzen Nachmittag über fortsetzten. Am Ende des Arbeitstages brachte ein Taxi Jule zu seinem Hotel und Laura zu ihrer Kusine. Emma Hirsch war keine wirkliche Kusine, sondern entstammte einem Zweig der Familie Hirsch, der zu Beginn des vergangenen Jahrhunderts in die Vereinigten Staaten ausgewandert war. Sie arbeitete als Friseurin und lebte allein in einem bescheidenen, aber geräumigen Apartment im nördlichen Teil Chicagos. Als Emma anbot, sie bei ihr unterzubringen, hatte Laura die Einladung ohne zu zögern angenommen und diese Lösung einem Hotel vorgezogen.

Am letzten Apriltag 1998, als das Taxi am Ende ihrer Arbeitswoche vor seinem Hotel hielt, fasste Jule den spontanen Entschluss, Laura auf einen Drink einzuladen. Sie zögerte.

Er bestand darauf: „Kommen Sie schon, wir hatten wochenlang nichts als Arbeit und keinerlei Vergnügen."

„Na schön, aber Sie müssen mir versprechen, keinen Whiskey zu bestellen."

„Nichts leichter als das, ich trinke nie Whiskey, Aber warum?"

„Egal, das ist eine lange Geschichte."

Sie stiegen aus dem Taxi, betraten die Hotelhalle und steuerten auf die Bar zu. Kurz nachdem sie ihre Drinks bestellt hatten, näherte sich ein Hotelpage Jule: „Mr. Davidson? Jemand möchte Sie am Telefon sprechen. Sie können den Anruf in der Kabine bei der Rezeption entgegennehmen, hier links."

Jule betrat die Telefonkabine und griff nach dem Hörer, ohne sich die Mühe zu machen, die Tür hinter sich zu schließen. „Hallo."

„Ich wusste, dass ich dich in der Bar finden würde." Johanna liebte es, ihren Zwillingsbruder zu hänseln.

„Das ist nicht fair! Ich habe seit Wochen keinen Alkohol angerührt. Ich bin mit einer Kollegin hier, um etwas auszuspannen."

Sie interessierte sich nicht für sein Privatleben. „Ich habe Neuigkeiten für dich – große Neuigkeiten", sagte sie. „Hast du meine Nachricht bekommen? Ich habe versucht, dich auf deinem Handy zu erreichen, aber niemand hat abgenommen."

„Ich weiß, der Akku ist leer. Was sind deine großen Neuigkeiten?"

„Es geht um ein Buch, das ich gerade lese. *Leben eines Genies*, die Biographie von Norton Thorp."

„Ich kenne den Kerl, und ich zweifle nicht daran, dass er ein Genie *ist*. Aber wo ist die Verbindung?"

„Ich dachte, es könnte dich interessieren, ein paar Abschnitte des Buches zu lesen und deine Schlüsse daraus zu ziehen."

„Kannst du mir nicht ein bisschen mehr verraten? Mir ist im Augenblick nicht nach Biographien."

„Vertrau mir einfach. Du wirst es nicht bereuen. Wie ist deine Faxnummer?"

Jule gab sie ihr. Dann schwenkte ihre Unterhaltung auf andere Themen um, vor allem auf Johannas jüngstes Zerwürfnis mit Kevin, nach einer rekordverdächtigen Beziehung von neun Monaten. Jule hörte geduldig zu, sagte aber nicht viel. Er hütete sich davor, sie mit gut gemeinten, aber unklugen Ratschlägen wie „Du hättest besser ..." oder „Warum hast du nicht ..." zu unterbrechen. Seine Schwester brauchte einfach nur jemanden, der ihr zuhörte.

Johanna kam schließlich noch einmal auf den eigentlichen Grund ihres Anrufs zurück. „Ich werde dir die Seiten morgen faxen. Mach's gut", sagte sie und legte auf. Das Telefongespräch hatte etwa zwanzig Minuten gedauert.

Jule eilte zurück zu seiner Kollegin, die er an der Bar allein gelassen hatte. Die sanften Klänge eines Klaviers hatten eine entspannende Wirkung auf Laura ausgeübt. Sie saß zurückgelehnt auf ihrem Stuhl und hatte die Augen geschlossen.

„Tut mit schrecklich leid, dass es so lang gedauert hat", entschuldigte sich Jule, Laura aus ihren Träumereien aufschreckend. „Es war meine Schwester. Sie lebt in Boston, und wir sehen uns nicht sehr häufig."

„Alles in Ordnung?"

„Ja schon, sie klang nur ein bisschen geheimnisvoll wegen eines Buches, das sie gerade liest. Sie faxt mir ein paar Seiten, die ich unbedingt lesen soll."

„Worum geht es in dem Buch?"

„Es ist eine Biographie, die Biographie von Norton Thorp, dem bekannten Mathematiker."

„Ich habe von ihm gehört. Er war letztes Jahr in Urbana, um eine Vorlesung an der Universität zu halten. Es wurde überall auf dem Campus angekündigt, es war gar nicht zu übersehen. Eine prominente Veranstaltung, Presse und Fernsehen haben darüber berichtet. Er ist so eine Art moderner Einstein, höre ich."

„Ich denke, das kann man sagen, abgesehen davon, dass er sich mehr für Mathematik als für theoretische Physik interessiert. Aber seine Arbeiten haben die Mathematik genauso verändert wie Einsteins Theorien die Physik revolutionierten. Tatsächlich finden einige von Thorps Ergebnissen Anwendung in der Stringtheorie."

„Stringtheorie?"

„Sie ist eines der umstrittensten Modelle in der Physik. Die fundamentalen Bausteine der Materie, sagt die Theorie, seien winzig kleine, saitenähnliche Fäden, und die Elementarteilchen seien Schwingungsmuster dieser Saiten in Räumen von zehn oder mehr Dimensionen."

„Ich verstehe kein Wort", sagte Laura fast entschuldigend. „Ich bin wohl Romantikerin, bei dem Wort ‚Saite' denke ich nur an Geigen und Kammermusik."

Jule lächelte und sah ihr in die schwarzen Augen. „Sie sind wirklich eine Romantikerin", sagte er mit sanfter Stimme, „aber eine von der stillen Sorte. Ich kenne Sie kaum, nach all den Monaten, die wir schon zusammenarbeiten."

„Schieben Sie es auf mein früheres Leben. Wenn man unter ständiger Überwachung steht, lernt man schnell, so wenig wie möglich von sich preiszugeben. Man traut niemandem, nicht einmal denen, die man für seine Freunde hält. Seine Gefühle, seine Ansichten, selbst seine Freizeitbeschäftigungen behält man für sich."

„Aber Ihre Flucht liegt schon lange Zeit zurück. Und außerdem haben Sie nichts mehr zu befürchten; die Deutsche Demokratische Republik existiert nicht mehr."

„Ja, ich bin all dem entkommen", sagte sie und starrte ins Leere. „Aber ich habe einen hohen Preis bezahlt, und auch meiner Mutter und meiner Schwester, die zurückgeblieben sind, habe ich viel zugemutet."

Ihre Augen hatten diesen bestimmten Glanz, kurz bevor Tränen fließen.

„Ich bin letztendlich entkommen", wiederholte sie, „aber meine Flucht gelang nicht beim ersten Versuch." Es herrschte einen Augenblick lang Stille, während sie mit sich rang, von einer schmerzhaften Erfahrung zu erzählen – und diese noch einmal zu durchleben. „Ich war in Wien, auf einer internationalen Tagung. Ich hatte eine Freundin bei der amerikanischen Botschaft, eigentlich eine Freundin meines verstorbenen Vaters, eine Frau, der ich uneingeschränkt vertraute. Sie half mir, den Sprung in die Freiheit zu machen. Während der Schlussveranstaltung der Konferenz sollte ich den Tagungsort, ein prachtvolles, in einem Außenbezirk der Stadt gelegenes Palais aus dem neunzehnten Jahrhundert, diskret verlassen. Ein von meiner Freundin bestelltes Taxi sollte mich zur Botschaft bringen, wo ich als politischer Flüchtling aufgenommen würde. Als ich das Gebäude verließ, kam ein Mann auf mich zu und nannte meinen Namen: ‚Dr.

Hirsch? Ihr Wagen wartet, bitte beeilen Sie sich.‘ Wir stiegen eilig in den Wagen, der mit voller Geschwindigkeit losfuhr. Ich merkte an der ängstlichen Art, in der der neben mir sitzende Mann ständig nach hinten schaute, dass uns ein anderes Auto folgte. Ich fürchtete das Schlimmste und war sehr erleichtert, als es uns endlich gelang, den Wagen abzuschütteln. Aber gerade als ich mich in Sicherheit glaubte, blieb mir fast das Herz stehen: Es war nicht die US-Botschaft, zu der ich gebracht wurde, sondern das sowjetische Konsulat. Jemand hatte mich verraten.

Ich werde Ihnen die Einzelheiten dessen, was geschah, als ich nach Dresden zurückkam, ersparen. Ich saß fast zwei Jahre im Gefängnis. Es war ein Frauengefängnis, der Aufseher ließ jedoch für Geld oder welche Gegenleistung auch immer gelegentlich Besuche männlicher Beamter bei hilflosen Insassinnen zu. Eines Nachts war ich auserwählt worden, einem zweihundert Pfund schweren, betrunkenen Rohling ein Gratisvergnügen zu verschaffen. Alles, woran ich mich erinnere – ich vermute, das ist alles, woran zu erinnern mir mein Gehirn erlaubt –, ist der Gestank seines Atems nach billigem Whiskey, als er sein schwitzendes, schlaffes Gesicht gegen das meine presste.

Jetzt werden Sie verstehen, warum ich Sie bat, keinen Whiskey zu bestellen“, sagte sie, außerstande, die Tränen länger zurückzuhalten.

Später am Abend, wieder zurück im Hotel und immer noch bewegt von Lauras vertraulicher Offenbarung, hatte Jule alles vergessen, was ihm seine Schwester über das Buch gesagt hatte, das er auf ihren Wunsch unbedingt lesen sollte. Ein blinkendes rotes Licht auf dem Bedienfeld des Telefons zeigte an, dass er eine neue Nachricht hatte. Er hörte sie ab. Es war die Nachricht, die Johanna ihm am Nachmittag hinterlassen hatte, und sie endete mit einem geheimnisvollen *Ich glaube, ich habe die Lösung für dein Problem gefunden.* „Welches Problem? Und warum will sie, dass ich das Buch lese?“, überlegte er und erinnerte sich an den vorausgegangen Anruf seiner Schwester. Er konnte nicht mehr klar denken, er hatte ein Glas zuviel getrunken. Besser bis morgen warten, um alles zu sortieren, beschloss er und fiel ins Bett.

Als er am nächsten Morgen ins Büro kam, lagen die fünf Seiten von Johanna schon im Faxgerät. Er setzte sich an seinen Schreibtisch und begann zu lesen.

Die erste Seite war ein Auszug aus dem Vorwort des Buches. Der Autor behauptete, Einblick in die persönlichen Tagebücher von Thorps Tante gehabt zu haben, das bisher nicht bekannte Details der Kindheit und Jugend des bekannten Mathematikers offenbarte – darunter zwei scheinbar paranormale Ereignisse, bei denen der junge Norton ein merkwürdiges und unerklärliches Verhalten gezeigt hatte.

Auf den übrigen Seiten waren die Ereignisse und das Besondere an ihnen näher beschrieben. Das erste geschah, als Thorp fünf Jahre alt war. Seine Tante fand ihn eines Abends am Klavier sitzend, wie er mit der Virtuosität eines Pianisten ein klassisches Musikstück spielte, obwohl er nie Klavierstunden bekommen oder jemals ein Klavier angerührt hatte. Die zweite seltsame Episode ereignete sich zehn Jahre später, als Norton auf der Highschool war. Der Verfasser zitierte aus einem Eintrag in Therese Thorps Tagebuch vom 28. April 1979:

Ich traf mich mit Mrs. Witherington, Nortons Literaturlehrerin. Sie ist über Nortons Hausaufgaben genauso verblüfft wie ich. Im Unterricht standen Meisterwerke der Weltliteratur auf dem Stundenplan, und sie hatte eine Passage aus der Odyssee ausgewählt, in der Odysseus auf den Zyklopen trifft, eine mythische Geschichte, die junge Leser besonders fesselt. Die Schüler sollten das Kapitel lesen und einen kurzen Aufsatz darüber schreiben. Sie hatte Nortons Aufsatz fast zu Ende gelesen, als ihr etwas Sonderbares auffiel: Die letzten Zeilen sahen auf den ersten Blick aus wie unleserliches Gekritzel. Bei näherem Hinsehen erkannte sie, dass es sich bei der „Kritzelei" in Wahrheit um griechische Buchstaben handelte, die über sechs Zeilen hinweg lückenlos aneinandergereiht waren. Sie glaubte zu wissen, was es damit auf sich hatte: Norton hatte sie, nicht sehr geschickt, aus einem Buch abgeschrieben, in dem die englische und die griechische Fassung des Epos nebeneinander abgedruckt waren. Um ihren Verdacht zu untermauern, bevor sie Norton damit konfrontierte, zeigte sie die Seite ihrem Schwager, der an der Universität klassische Sprachen unterrichtete. Sein Fazit, zu dem er nach Gesprächen mit einigen Kollegen gekommen war, machte die Sache nur noch rätselhafter. Es war tatsächlich Griechisch, und der Inhalt der Zeilen stimmte sinngemäß mit einer Passage aus dem neunten Buch von Homers Odyssee überein. Die Formulierungen waren allerdings mit keiner der veröffentlichen Fassungen identisch.
Sie schrieb die Übersetzung für mich auf:
„Wir kamen in das Land der Zyklopen, hochmütiger und zügelloser Wesen, die sich von den unsterblichen Göttern aushalten ließen und niemals ihre eigenen Hände benutzten, um zu säen oder zu pflügen; und obgleich sie nicht

säten und pflügten, wuchsen ihnen alle Feldfrüchte zu – Weizen und Gerste und Trauben, deren große Dolden, prall von den Wassern des Zeus, Wein lieferten."
Und dann hatte ihr Schwager noch hinzugefügt, dass die Passage in einem alten griechischen Alphabet (ich glaube ionisch) geschrieben war, ohne die Wörter zu trennen, wohingegen alle bekannten Fassungen der Odyssee – deren älteste aus dem zehnten Jahrhundert vor Christus stammte – entweder in hellenistischem oder modernem Griechisch verfasst waren. Seiner Meinung nach konnte Norton den Text darum mit Sicherheit nicht aus einem anderen Buch abgeschrieben haben.
Ich wusste, dass er ihn nicht abgeschrieben hatte. Mogeln entspricht seinem Wesen ganz und gar nicht, und überdies hatte er es nicht nötig zu schummeln, denn er hatte immer die allerbesten Noten. Ich glaube Norton, was er uns, Mrs. Witherington und mir, erzählt hat. Er arbeitete spät am Abend an der Hausaufgabe und schlief darüber an seinem Schreibtisch ein. Es war schon nach Mitternacht, als er aufwachte und sich zum Schlafen in sein Bett legte. Am nächsten Morgen nahm er die Blätter von seinem Tisch, davon überzeugt, dass er den Aufsatz am Vorabend zu Ende geschrieben hatte. Er gab ihn ab, ohne ihn vorher noch einmal gelesen zu haben.
Ich verstehe es nicht, aber ich habe es aufgegeben, es zu versuchen. Ich erinnere mich noch, was Morris und ich vor zehn Jahren alles angestellt haben, um die Sache zu begreifen. Er ist ein außergewöhnliches Kind, anders als die anderen Kinder – mehr gibt es nicht zu verstehen.

Jule las nicht weiter; er hob seinen Kopf und flüsterte „Unglaublich!". Er war zugleich schockiert und begeistert.

Er verharrte einige Minuten am Schreibtisch, still dasitzend, drehte aber dann leicht den Kopf und suchte auf seinem Computer nach einer bestimmten Datei. Schließlich stand er auf, ging durch den Raum zu Lauras Schreibtisch hinüber und tippte ihr sanft auf die Schulter, um ihre Aufmerksamkeit auf sich zu lenken. Als sie sich zu ihm wandte, sagte er ganz ruhig: „Ich habe ihn gefunden."

Jule und Laura lasen gemeinsam den Auszug aus Thorps Biographie. Als sie fertig waren, griff sie seinen Arm und drückte ihn, ohne ein Wort zu sagen – das war auch nicht nötig.

„Und wissen Sie was? Der Schlüssel lag die ganze Zeit direkt vor unserer Nase", sagte Jule.

„Welcher Schlüssel?"

„Erinnern Sie sich an Ihre Übersetzung des griechischen Gedichts auf der sechsten Seite?"

„Ja, was ist damit?"

„Sind Sie sicher, dass sie korrekt ist, ich meine, stimmen die Zeiten der Verben?"

Sie suchte die Datei auf ihrem Computer, und ein paar Sekunden später erschienen die Zeilen auf dem Bildschirm:

Er ist ein Mensch von außergewöhnlicher Weisheit
kundig in den Geheimnissen der Zahl;
Einer, der von allen Menschen
die höchste Geisteskraft besitzt.

„Ja, das ist korrekt. Soweit ich sagen kann, ist es eine genaue Übersetzung des Gedichts. Was ist mit den Verbzeiten?"

„Anders als die Originalverse von … wie war noch sein Name?"

„Empedokles."

„Genau. Anders als dessen Verse, die – ich habe das gerade überprüft – in der Vergangenheitsform geschrieben sind – so, wie es sein sollte, denn er bezieht sich ja auf den verstorbenen Pythagoras –, steht dieses Gedicht im *Präsens*."

„So?"

„Also ist das Gedicht in dem Pergament in Wirklichkeit nicht eine kürzere Fassung des Originals von Empedokles, es ist vielmehr der Schlüssel, um den *lebenden* Pythagoras zu erkennen: „Er *ist ein Mensch, kundig in den Geheimnissen der Zahl*; einer, *der im Besitz der höchsten Geisteskraft ist* – mit anderen Worten, er ist ein genialer Mathematiker!"

Kurze Zeit später überstürzten sich die Ereignisse. Sie riefen Trench an – Richter war auf Reisen – und baten ihn um ein dringendes Treffen. Als sie ihre Angelegenheit vorbrachten, wurde er sehr aufgeregt. „Ausgezeichnet, ausgezeichnet!", rief er immer wieder.

An diesem Abend traf sich der Rat der Hohen Brüder, um Trenchs Bericht zu hören und eine Entscheidung zu treffen. Er legte ihnen dar, was es für den zwingenden Beweis hielt, dass Norton Thorp die Wiedergeburt Pythagoras' war: „Ein Mensch, kundig in den Geheimnissen der Zahl; einer, der von allen Menschen die höchste Geisteskraft besitzt" war eine passende Beschreibung des genialen Mathematikers. Der kleine Junge, der nie zuvor ein Klavier angerührt hatte und dennoch perfekt und wie in Trance auf dem Instrument spielte – der Meister war ein vollendeter Musiker: War es sein Geist, der an jenem Abend Nortons kleine Hände führte? Und schließlich die griechische Passage in ionischem Alphabet ohne Trennungen zwischen den Wörtern: Nur ein gebildeter Grieche des fünften Jahrhunderts vor Christus, der mit Homers epischem Gesang vertraut war, konnte es geschrieben haben.

„Mir ist bewusst, dass jeder dieser drei Sachverhalte für sich genommen nicht genügend Beweiskraft besitzt, um einen endgültigen Schluss daraus zu ziehen“, sagte Trench zu der aufmerksam zuhörenden Gruppe, die um dem ovalen Tisch saß, „doch zusammen ergeben sie einen Beweis, wie wir ihn überzeugender nicht hatten erwarten können.“

Die Wahl zugunsten von Trenchs Empfehlung fiel einstimmig aus, sodass die zweite Phase der Operation in Gang gesetzt werden konnte: Rocky und Houdini würden einen Plan ausarbeiten, wie Thorp-Pythagoras vor den Rat gebracht werden konnte, und diesen dann in die Tat umsetzen.

Teil IV

Pythagoras' Mission

20
Alle Wege führen nach Rom

Mitte Mai 1998 erhielt Galway die offizielle Bestätigung, dass sein Artikel über das pythagoreische Manuskript zur Veröffentlichung im renommierten *Journal of Ancient Philosophy and History* angenommen worden war. Was die Handschrift selbst betraf, so war diese auf der Auktion von einem anonymen Sammler für die Summe von 420 000 Pfund ersteigert worden. Es war nichts darüber bekannt, ob der neue Besitzer es einem Museum oder einer Bibliothek als Schenkung zu überlassen beabsichtigte. Das bedeutete ein gewisses Problem für Galway, der in seinem Artikel nicht anführen konnte, an welchem Ort sich die Primärquelle seiner Übersetzung befand.

Seine Genugtuung über die Annahme seines Aufsatzes wurde durch den Umstand gedämpft, dass es ihm nicht gelungen war, das Geheimnis der letzten acht Seiten des antiken Buches, von denen er nur schlechte Kopien besaß, zu knacken. Er hatte das Gedicht auf Seite sechs übersetzt und geschlossen, dass es sich auf Pythagoras bezog, aber das war schon alles, was er dazu sagen konnte. Er war fasziniert von der Zeichnung auf Seite vier, in der eine Schlange und zwei Frauengestalten dargestellt waren, konnte aber keinerlei Beziehung zu Pythagoras erkennen. Die übrigen Seiten, die Arabesken, mathematische Symbole und geometrische Figuren zeigten, schienen, was den Aufbewahrungsort der von Pythagoras geschriebenen Rollen betraf, gleichfalls bedeutungslos zu sein. Die Spur der kostbaren Rolle hatte sich verloren.

Enttäuscht über das Ausbleiben von Resultaten an der Papyrus-Front, richtete Galway sein Augenmerk auf die Memoiren seines verstorbenen Vaters. Der alte Mann hatte das unvollendete Buch ganz offensichtlich seinem jüngeren Sohn vermacht, weil er überzeugt war, dass dieser es zu Ende schreiben würde und das Werk dann veröffentlicht werden konnte. Tatsächlich hatte Galway senior den größten Teil der Arbeit noch selbst erledigen können und einen Ausdruck des dritten Entwurfs der Kapitel 1 bis 14 hinterlassen. Elmer ging ihn durch und stellte fest, dass nur kleinere Korrekturen und einige Ergänzungen zu machen waren. Vor allem waren da etliche auf Klebezettel geschriebene Anmerkungen, die den Autor an zu überprüfende Fakten, einzufügende Bilder und so weiter erinnern sollten. Unter diesen zog eine Notiz in Kapitel 7 Elmers Aufmerksamkeit auf sich. Sie lautete „neupythagoreische Basilika 1935–38 – zwei Zeichnungen hier einfügen." Das Kapitel handelte von der Ausgrabung einer sehr alten unterirdischen Basilika im historischen Stadtkern von Rom, an der Ernest Galway teilgenommen hatte. Er hatte geschrieben:

> *Das Bauwerk, eine große, überwölbte Hallenbasilika mit Vorhalle, Apsis und drei durch Säulenreihen voneinander getrennten Schiffen ist fünfzehn Meter lang, neun Meter breit und sieben Meter hoch. Es wurde 1917 nach einem Erdrutsch an der Bahnstrecke Rom-Neapel entdeckt, allerdings wurde erst 1935 mit den eigentlichen Ausgrabungsarbeiten begonnen.*

Die Ausschmückung ist kunstvoll. Wände, Deckengewölbe und Apsis sind überzogen mit gut erhaltenen Stuckreliefs. Dargestellt sind unter anderem Motive aus der Mythologie, rituelle und Opferszenen sowie Symbole der Wiederauferstehung und des jenseitigen Lebens. All das lässt vermuten, dass das Gebäude von den Anhängern mystischer Kulte, von denen es im römischen Reich viele gab, genutzt wurde. Aus der Art des verwendeten Mörtels, in dem sich keine Keramikfragmente fanden, und anhand der Bausteine aus porösem Kalkstein, die in einem Schacht oberhalb einer Deckenöffnung verwendet wurden, könnte man schließen, dass das Bauwerk zu Beginn des ersten Jahrhunderts nach Christus errichtet wurde – und nicht im zweiten Jahrhundert, wie allgemein behauptet wird. Ein anderes Argument für das frühere Datum wurde von Professor Clermont angeführt, der darauf hinwies, dass die Art der Ausschmückung durch und durch griechisch sei und keinerlei astrologische Motive zeige. Clermont äußerte ferner, dass der Bau wahrscheinlich von einer neupythagoreischen Gruppierung genutzt wurde.

Galway, dessen Neugierde geweckt war, sah in den Karton mit der Aufschrift „1935 – 1938“. Er enthielt Fotografien, Zeichnungen und diverse andere Materialien. Die Zeichnungen waren auf ihrer Rückseite beschriftet (Ort, Datum und so weiter), sodass es leicht für ihn war, die mit „neupythagoreische Basilika“ gekennzeichneten zu finden. Es gab sechs von ihnen, und eine ganz bestimmte ließ sein Herz einen Schlag aussetzen: die nach einem Stuck-Basrelief ausgeführte Feinzeichnung, auf der eine Schlange in einer länglichen Raute, flankiert von zwei weiblichen Figuren, dargestellt war – zweifellos das Vorbild der mysteriösen Illustration in dem pythagoreischen Buch. Mit der Wucht einer Offenbarung schoss es ihm in den Kopf: Die von Pythagoras geschriebene Rolle war irgendwo in dieser Basilika versteckt.

Nachdem er eine Weile im Internet recherchiert hatte, wusste er, dass die neupythagoreische Basilika auf der Weltkulturerbeliste stand, derzeit restauriert wurde und für die Öffentlichkeit nicht zugänglich war. Es wurden außerdem bauliche Maßnahmen durchgeführt, um verschiedene Mängel wie eindringendes Wasser und eine antiquierte Belüftungsanlage, die das Bakterienwachstum auf den vielfarbigen Oberflächen begünstigt hatte, zu beseitigen.

Er begann damit, Vorbereitungen für eine Reise nach Rom zu treffen. Unter anderem musste er einen Vortrag absagen, den er auf einer internationalen Tagung in München halten sollte, und dafür sorgen, dass jemand nach Slipper sah. Das Wichtigste von allem war aber, er musste für seine Suche eine Genehmigung des Italienischen Ministeriums für Kultur bekommen. Das würde wahrscheinlich Wochen, wenn nicht Monate dauern, wenn ihn seine bisherigen Erfahrungen, die er überall auf der Welt mit Bürokraten gemacht hatte, nicht ganz täuschen sollten. Glücklicherweise war er durch einen gemeinsamen Freund mit einem Staatssekretär, Dottore Luigi Pisano, bekannt.

Galway schrieb wegen der Beschaffung der nötigen Papiere eine E-Mail an Pisano und erhielt die folgende Antwort:

> *Caro Professore Galway: Für die Genehmigung, Ausgrabungen oder eine Suche an archäologischen Stätten in Rom durchzuführen, ist nicht mein Ministerium, sondern*

die Soprintendenza Archeologica di Roma zuständig. Bitte wenden Sie sich mit Ihrem Ersuchen unter Angabe von Zweck und Dauer (sechs Wochen sind maximal möglich) ihrer Ausgrabung dorthin und fügen Sie eine Liste aller Mitglieder Ihres Teams sowie eine Kostenaufstellung für Ihre Arbeiten bei.
Es wird hilfreich sein, wenn Sie das Schreiben direkt an den Leiter der Abteilung für Ausgrabungsprojekte der Soprintendenza, Signore Ettore Calabrini, richten und meinem Namen darin erwähnen [es folgten E-Mail- und Postadressen]. Er wird sich für eine rasche Bearbeitung ihres Antrags einsetzen.

„Willkommen im Bürokratie-Dschungel der italienischen Art", dachte Galway, „und wie dieser durch Ziehen der richtigen Strippen (vielleicht) umgangen werden kann."

Er wusste nicht recht, ob es eine gute Idee war, den Italienern gegenüber den wahren Grund seines Interesses an der Basilika zu erwähnen. Er fürchtete, jemand anderes könnte ihm zuvorkommen und ihm die Rolle des Entdeckers eines so unschätzbar wertvollen Dokuments vor der Nase wegschnappen. Doch wenn er nicht eine kommandoartige Operation inszenieren wollte, um den Papyrus zu finden und außer Landes zu schmuggeln, dann blieb kein anderer Weg als der offizielle.

Er hatte gerade darüber nachgedacht, ob er für die Genehmigung der Italiener das eigentliche Motiv seines Antrags angeben sollte, als er einen Anruf von seinem Bruder erhielt. Es ging um einige Schriftstücke, die im Zusammenhang mit dem Erbe seines Vaters unterschrieben werden mussten. Elmer, der über seine Entdeckung noch mit keinem gesprochen hatte, konnte der Versuchung nicht widerstehen, seinen Bruder ins Vertrauen zu ziehen. Er erzählte John von seiner Vermutung bezüglich des Ortes, an dem sich der Papyrus befand, und von seiner Befürchtung, die er hinsichtlich einer zu großen Offenheit gegenüber den Italienern hatte.

Dann sagte er scherzhaft: „Ich habe sogar daran gedacht, mitten in der Nacht dort hinunterzusteigen und die Rolle eigenhändig herauszuholen, ohne mich mit irgendwelchen Genehmigungen herumzuärgern, so wie dieser verwegene Archäologe in den Filmen ..."

„Indiana Jones. Keine schlechte Idee. Das ist machbar."

„Das ist nicht dein Ernst, oder?"

„Natürlich ist es mein Ernst. Ich kenne Leute in Bogotá, die auf solche Operationen spezialisiert sind, und sie haben ‚Filialen' in der ganzen Welt. Es würde dich nicht allzu viel kosten, und der Erfolg ist garantiert. Absolute Diskretion auch."

Elmer war nicht wirklich überrascht zu erfahren, dass sein Bruder Kontakte in zwielichtige Kreise besaß. Im Smaragdbergbau waren, um eine Anlage mitten im Urwald zu schützen oder gar Edelsteine außer Landes zu schmuggeln, solche fragwürdigen Methoden – und dementsprechend ausgebildetes Personal – nicht selten erforderlich.

„Schlägst du vor, die Rolle zu stehlen?", fragte Elmer ungläubig.

„Eigentlich habe ich nur daran gedacht, sie auszuborgen."

„Was meinst du damit?"

„Ich meine, stell dir vor, du bist der einzige, der sie findet. Wenn sie so wichtig ist, erntest du die Lorbeeren. Dann gibst du sie dem rechtmäßigen Besitzer zurück, und alle sind glücklich."

Elmer schnitt ihm das Wort ab, er weigerte sich, länger zuzuhören. „Danke für deine Bemühungen, mich zu unterstützen, aber ich werde nicht meinen guten Ruf mit so einer Nacht-und-Nebel-Aktion aufs Spiel setzen."

„Kein Problem, war nur ein Vorschlag." John hatte nicht ernsthaft erwartet, dass Elmer mit seinem Plan einverstanden wäre. Dann, auf ein anderes Thema umschwenkend, sagte er: „Vergiss nicht, die unterschriebenen Papiere sobald wie möglich an Harris zu schicken. Er wird sie an den Immobilienmakler weiterleiten. Viel Glück mit den Italienern", und legte auf.

Elmer Galway hatte niemals geraucht und trank maßvoll. Mit vierundsechzig Jahren war er in ziemlich guter körperlicher Verfassung, so wie er es sein ganzes Erwachsenenleben lang gewesen war. Er hatte einen wohlproportionierten Körper, mit nur der Andeutung eines Fettansatzes um die Hüften, und kräftige Arme, die ihm von seiner jugendlichen Sportleidenschaft geblieben waren. Als aktives Mitglied des Oxforder Ruderklubs legte er sich immer noch gelegentlich in die Riemen, hauptsächlich aber hielt er sich durch ausgiebiges Spazierengehen und eine gesunde Ernährung fit.

Seine glänzende physische Verfassung spielte zweifellos eine Rolle bei seinem neuen Ansatz einer Such- und Bergungsaktion im Zusammenhang mit dem Pythagoras'schen Papyrus. Er vermutete immer noch, dass die Rolle irgendwo in der römischen Basilika versteckt war, und er war entschlossen, seine Intuition auf die Probe zu stellen, hatte aber nicht mehr die Absicht, eine Genehmigung zu beantragen, um den Bau durchsuchen zu dürfen – zumindest vorläufig nicht. Er hatte einen besseren Plan, einen, der nach seinem Telefongespräch mit John langsam in ihm gereift war.

Es war leicht für ihn gewesen, über den World Monuments Watch detaillierte Informationen über die Basilika (Pläne, Fotos und dergleichen) zu erhalten, indem er ein berufliches Interesse an den laufenden Restaurierungsarbeiten vorgab, und es freute ihn zu sehen, dass im Innern des Gebäudes an verschiedenen Stellen Gerüste aufgestellt worden waren.

Er hatte Mittwoch, den 17. Juni bestimmt, um seinen Plan auszuführen. Da er zwei Tage früher vor Ort sein wollte, hatte er einen Flug nach Rom gebucht, der am Montag, dem 15. Juni, morgens in London Heathrow startete.

Es gab einen guten Grund für die Wahl genau dieses Datums: Am Abend des 17. Juni spielte die italienische Nationalmannschaft im französischen Montpellier in der Endausscheidung der Fußballweltmeisterschaft gegen Kamerun. Nicht dass Galway sich sonderlich für Fußball im Allgemeinen oder für das italienische Team im Besonderen interessierte, aber praktisch alle anderen in Rom taten es. Deshalb würden vom Anstoß um neun Uhr abends bis zum Schlusspfiff gegen elf die Straßen von Rom wie ausgestorben und die Stadt wie gelähmt sein, denn jede Menschenseele, von den Leuten zu Hause bis zu Köchen in Restaurants und Polizeibeamten im Dienst, würde förmlich am Fernsehschirm kleben, um das Spiel zu sehen – was Galway sehr gelegen kam.

Kurz nach Mittag am fünfzehnten und nach einem ereignislosen Flug von London kam er auf dem Flughafen Leonardo da Vinci in Rom an. Ein Taxi war leicht zu bekommen: Er wurde von einem halben Dutzend Taxifahrer umworben, die um seine Aufmerksamkeit wetteiferten: „Taxi, Taxi in die Stadt, hier entlang bitte."

Er hatte eine Zimmerreservierung in einem kleinen zweistöckigen Hotel im Herzen des historischen Stadtkerns von Rom gegenüber dem Nero-Aquädukt und nur ein paar Schritte von der Basilika entfernt. Der vorgeschobene Anlass seiner Reise war die Suche nach bestimmten archäologischen Berichten in der Vatikanischen Bibliothek, der tatsächliche Zweck seiner Anwesenheit in Rom aber lag darin, die neupythagoreische Basilika wegen Pythagoras' Rolle aufzusuchen.

Nachdem er im Hotel eingecheckt und ein leichtes Mittagessen in einer nahe gelegenen Trattoria eingenommen hatte, machte er sich am Nachmittag auf den Weg zur Porta Maggiore, um das Terrain zu sondieren.

An einer Seite der Piazza di Porta Maggiore, zwischen den Straßen Via Penestrina und Scalo San Lorenzo, steht eine kurze Mauer mit von Schmutz und Ruß geschwärzten Steinen. Es ist die Mauer, die das Eisenbahnviadukt stützt, über das die Strecke Rom-Neapel führt. Teilweise verdeckt durch eine Mauernische und für Passanten kaum erkennbar, gibt es dort eine Tür. Hinter dieser Tür, am Fuß einer Treppe, ungefähr zehn Meter unter den Eisenbahngleisen, befindet sich ein Zugang zur sogenannten neupythagoreischen Basilika – wenn es sich auch nicht um den ursprünglichen Eingang handelte, den man immer noch nicht gefunden hatte.

Galways größte Sorge galt dem Türschloss. Er schlenderte lässig an der Mauer entlang und sah dabei wie ein Tourist aus, der er ja tatsächlich auch war. Als er die Tür erreicht hatte, blieb er stehen, untersuchte sie eine Weile mit unschuldiger Neugier, drehte an ihrem Knopf und drückte gegen sie. Die Tür war verriegelt, zu seiner Erleichterung aber nur mit einem herkömmlichen Schloss – und glücklicherweise nicht mit einem dieser schlüssellosen. Es gibt wirklich keinen Grund für besondere Sicherheitsvorkehrungen, dachte er. Das Gebäude ist leer, abgesehen von ein paar Baugerüsten, und weder Graffitikünstler auf der Suche nach trauriger Berühmtheit noch Vandalen mit Lust aufs Zerstören hätten ein Interesse daran, ihr Talent oder ihre Verachtung gegenüber der Gesellschaft an einem so dunklen und abgelegenen Ort zu demonstrieren.

Nachdem er die Erkundung der Örtlichkeit, die zu seiner Zufriedenheit ausgefallen war, abgeschlossen hatte, verbrachte er den Rest des Nachmittags mit einer Besichtigungsrunde durch das historische Zentrum von Rom. Er fragte sich, ob die prachtvollen Zeugnisse aus der glorreichen Zeit des Römischen Reiches, wie das Kolosseum und das Forum, all ihre Geheimnisse preisgegeben hatten, bevor sie ein neues Leben als touristische Attraktionen begannen. Wahrscheinlich nicht, dachte er, denn an der Anlage des Forum Romanum wurden immer noch Grabungen durchgeführt, und verschiedene Lokalitäten waren für die Öffentlichkeit nicht zugänglich.

Fast den ganzen Dienstag über hielt er sich in der Vatikanischen Bibliothek auf – er besaß von früheren Besuchen einen Benutzerausweis, der ihm Zutritt zu den Sammlungen der Bibliothek verschaffte. Die Geschichte ihres neuzeitlichen Teils begann im Jahr 1447 mit der Wahl von Papst Nikolaus V. und ein paar hundert lateinischen Handschriften. Heute umfasst ihr Bestand fast zwei Millionen gedruckte Bücher und einhundertfünfzigtausend Manuskripte, die sechzig Kilometer Regale füllen.

Der zweischiffige Hauptlesesaal mit seinen großartigen Deckenfresken war fast immer bis auf den letzten Platz besetzt, trotzdem war nicht das geringste Geräusch zu hören. Er fand einen freien Stuhl und setzte sich an einen Tisch zwischen einen Mönch in brauner Kutte, den Kopf in einem Stapel Bücher vergraben, und einen jungen Mann mit Brille, der einen Laptop vor sich hatte. Als leidenschaftlicher Liebhaber von Büchern, die ihn sowohl intellektuell wie auch sinnlich anzogen, würde Galway nicht die Gelegenheit auslassen, einige Schätze der Bibliothek in seinen eigenen Händen zu halten. Er wählte ein prachtvoll illuminiertes Werk über die Ruinen Roms aus dem fünfzehnten Jahrhundert, das von dem päpstlichen Sekretär und Amateurarchäologen Poggio Bracciolini stammte und gewissermaßen der Auftakt war für die in der Renaissance beginnenden Ausgrabungen und die Restaurierung der antiken Stadt.

Als er die Bibliothek am frühen Abend verließ, war Galway guten Mutes, dass sein Plan gelingen könnte. Er war überdies hungrig und beschloss, sich an seinem letzten Abend vor dem großen Tag ein typisches italienisches Abendessen mit drei Gängen zu gönnen.

Nach einigem Suchen entschied er sich für ein kleines Restaurant, das etwas abseits des Petersplatzes lag und an dessen Rückseite einige Tische im Freien gedeckt waren. Er legte die Speisekarte zur Seite, froh über die Empfehlungen der Bedienung, einem rundlichen kleinen Mann mit stark glänzendem schwarzen Haar, der seine Bestellung aufnahm, ohne irgendetwas aufzuschreiben. Auf Galways eingangs gestellte Frage nach einem typisch italienischen Essen hatte der Kellner erklärt, dass es so etwas wie „italienisches Essen“ nicht gäbe, dafür aber

Zusammenstellungen regionaler Gerichte und Spezialitäten.

Galways italienisches Schlemmermahl begann mit einem Entree aus *prosciutto* (geräuchertem Schinken) mit Melone, gefolgt von *cacio e pepe* (Käse und Pfeffer), dem einfachen, typisch römischen Nudelgericht, und *involtini di vitello* (pikanter Kalbsroulade mit Tomate) als Hauptgericht, das Ganze begleitet von einem halben Liter weißem Hauswein. Als das Dessert serviert wurde, hatte er bereits mehr als genug gegessen, was ihn aber nicht davon abhielt, sich auch noch das köstliche *Baba al rhum*, ein traditionelles, in Rum getränktes und mit Schlagsahne abgerundetes neapolitanisches Gebäck, schmecken zu lassen.

Auf der Fahrt zum Hotel döste er im Taxi ein und musste vom Fahrer geweckt werden. Gegen Mitternacht war er in tiefen Schlaf gesunken und träumte, er wäre ein Adliger im alten Rom, der ein Festessen gab, das die ganze Nacht dauerte.

Anders als an den beiden vorangegangenen Tagen, an denen die Sonne erbarmungslos von einem weißlichblauen Himmel auf die Stadt heruntergebrannt hatte, war der Mittwochmorgen wolkenverhangen und kühl. Galway stand spät auf und ließ sich das Frühstück auf sein Zimmer servieren: Orangensaft, Toast, Marmelade und Tee – fast wie er es von zu Hause gewohnt war, nur der Haferbrei fehlte.

Als der Moment, seinen Plan in die Tat umzusetzen, näher rückte, wurde er zunehmend unruhig. Er beschloss, sich den Vormittag zu vertreiben, indem er eine Bustour in die nahe gelegene Stadt Tivoli mit der berühmten Hadriansvilla aus dem zweiten Jahrhundert und den eindrucksvollen Gartenanlagen unternahm. Nach dem Ausflug kehrte er ins Hotel zurück und versuchte ein Nickerchen zu halten, konnte aber nicht einschlafen. Er zwang sich trotzdem im Bett zu bleiben. Um sieben Uhr stand er auf, öffnete die Rollläden und sah aus seinem Fenster im zweiten Stock. Das Wetter war unbeständig. Schwere graue Wolken bedeckten den Himmel, während die Baumkronen von Windstößen geschüttelt wurden. „Es sieht aus, als ob es bald regnet“, dachte er, „und das ist gut: Je garstiger das Wetter, desto weniger Menschen in den Straßen.“

Weil er nicht hungrig war – oder zu angespannt, um Hunger zu verspüren – beschloss er, das Abendessen zu überspringen, und begann stattdessen, die für seine Operation benötigten Sachen zusammenzupacken: Overall, Helm mit Lampe, Archäologenwerkzeug (Spachtel, Pinsel usw.), Digitalkamera und Erste-Hilfe-Tasche. Alles passte gut in seinen kleinen Rucksack. Dann kleidete er sich wie für ein Abendessen in einem feinen Restaurant, abgesehen von dick besohltem Schuhwerk und einem Wollpullover, den er unter sein Hemd anzog.

Um Viertel vor neun kam er die Treppe herunter. In einem kleinen Nebenraum der Hotelhalle waren einige Gäste und der Empfangschef vor einem Fernseher versammelt. Letzterer bemerkte Galway, als dieser sich gerade hinausschleichen wollte: „Sie sehen sich nicht das Spiel an, Signor Galway?“

„Ich fürchte nein, ich bin zum Abendessen verabredet“, antwortete er im lässigsten Tonfall, den er zustande brachte. Und vor dem Hinausgehen drehte er sich um und schmetterte ein begeistertes „*Forza Italia*!“ – den Schlachtruf der italienischen Fußballfans.

Der Himmel war immer noch bedrohlich dunkel, aber es regnete nicht. Galway näherte sich mit schnellen

Schritten der Tür, während er dicht an der Wand entlang ging und seinen Rucksack an den Riemen in seiner linken Hand hielt. Auf seiner Straßenseite war weit und breit keine Menschenseele zu sehen. Es gab kaum Verkehr. Ein paar Autos standen vor einer roten Ampel auf der Via Penestrina ihm gegenüber, und ein einzelner, fast leerer Bus fuhr auf dem Kreisverkehr um die Porta Maggiore. Als er seine Hand auf den Türknauf legte, konnte er fühlen, wie sein Herz pochte. Er dreht den Griff und drückte die Tür auf. Sie öffnete sich zu einem dunklen Gang, der vom Schein der Straßenlampen kaum beleuchtet war. Galway schlüpfte rasch ins Innere und zog die Tür hinter sich zu. Gegen die Tür gelehnt, verharrte er regungslos in der pechschwarzen Dunkelheit und versuchte durchzuatmen.

Der erste Teil seines Plans hatte perfekt funktioniert – dank John. Sein Bruder hatte alles Notwendige arrangiert, damit ein „Spezialist" das Schloss an diesem Abend knacken und ihm den Weg in die Basilika freimachen konnte.

Ein paar Minuten später war er bereit für die eigentliche Operation. Der Ort war feucht und muffig. Er holte seine Taschenlampe heraus, knipste sie an und leuchtete, den weißen Lichtkegel hin und her schwenkend, den Raum vor sich aus. Der schmale Gang endete an einer Backsteinmauer rund sechs Meter vor ihm, aber zu seiner Rechten konnte er weiter hinten die Öffnung zu einer Treppe erkennen.

Er wechselte die Kleider und zog den Overall an, setzte die Stirnlame auf, schulterte seinen Rucksack und begann langsam die Stufen hinunter zu steigen, wobei er sich mit seiner linken Hand an der Wand abstützte. Vorsichtig auf den schlüpfrigen Boden auftretend, tastete er sich weiter abwärts bis zu einem Absatz, wo die Treppe ihre Richtung änderte. Nach einem weiteren Treppenabsatz war er unten angekommen: Er stand auf dem feuchten Boden der antiken Basilika, seine Nasenlöcher und Lungen erfüllt von der modrigen Luft, die in dem schlecht belüfteten Bauwerk eingesperrt war.

Er inspizierte zuerst den Fußboden. Es war ein Mosaikboden, der größtenteils unversehrt schien. Mehrere rechteckige Flächen, wo der Belag fehlte, ließen aber vermuten, dass die kostbarsten Teile, höchstwahrscheinlich Platten mit figürlichen Darstellungen, entfernt worden waren.

Als nächstes leuchtete er mit der Taschenlampe in verschiedene Richtungen und an die Decke. Dann ging er vorsichtig voran, um den Ort weiter zu erkunden. Der Bau hatte einen rechteckigen Grundriss, der ungefähr fünfzehn mal zehn Meter maß, und eine gewölbte, etwa sieben Meter hohe Decke. Wie viele frühchristliche Kirchen wies er die architektonische Form einer Basilika auf: ein von zwei Seitenschiffen flankiertes Mittelschiff, durch Säulenreihen voneinander abgetrennt, mit einer Vorhalle an einem Ende und einer Apsis am anderen. Der Innenraum war kunstvoll ausgeschmückt: Wände, Decken und Säulen waren überall von Stuck-Basreliefs überzogen, welche die verschiedensten Motive zeigten, von mythologischen Szenen bis zu Symbolen der Auferstehung und des Jenseits. Im Mittelschiff war der Wand- und Deckenschmuck komplett in weißem Stuck ausgeführt, während die Vorhalle einen Sockel aus roten pompejanischen Ornamenten mit Blumen- und Vogelmotiven und eine mit saphirblauen Quadraten verzierte Decke besaß.

Und dann sah er es. Auf der vertikalen Fläche über der gewölbten Öffnung zwischen zwei Säulen schien eine reliefierte schlangenähnliche Figur zum Leben zu erwachen, als sich ihr Schatten im umherschweifenden Lichtkegel seiner Taschenlampe veränderte. Da war es, das Original der Szene in dem pythagoreischen Buch, mit der von zwei Frauenfiguren eingerahmten Schlange, die ihm so lange Kopfzerbrechen bereitet hatte. Seine Intuition hatte ihn nicht im Stich gelassen, der Papyrus aus der Feder Pythagoras' konnte nicht weit von hier sein.

Eine knappe Stunde später begann Elmer Galway, erschöpft und niedergeschlagen, seine Kleider klamm und schmutzig, sich mit dem Gedanken abzufinden, dass seine sorgfältig geplante Operation mit einem Misserfolg enden könnte.

Er war davon ausgegangen, dass der Papyrus in einem Hohlraum in der Wand unweit des in dem Buch dargestellten Schlangenreliefs versteckt sein würde. Wie bei römischen Gebäuden jener Epoche üblich, bestanden die Säulen und Bögen aus Travertin, einem Gestein von poröser Textur. Er hatte die gemauerte Wand rings um das Basrelief und in dessen Nähe auf Spuren oder Unregelmäßigkeiten untersucht – irgendetwas, das vermuten lassen könnte, dass ein Schatz dahinter versteckt war –, jedoch keinerlei Auffälligkeiten entdeckt.

Wo er auf Stuckverzierungen traf, hatte er die Umgebung behutsam mit dem Griff seines Spachtels abgeklopft, um zu hören, ob es irgendwo einen auffälligen Klang gab, der auf einen Hohlraum unter der Stuckschicht hinweisen könnte – er war sich aber der Tatsache voll bewusst, dass er mit einer so primitiven Methode wenig Aussicht auf Erfolg hatte.

Um zum oberen Teil der Säulen und der Wand über dem Bogen zu gelangen, war er auf eines der Gerüste geklettert, die während der – gegenwärtig wegen Geldmangel unterbrochenen – Restaurierungsarbeiten aufgestellt worden waren. Die schweren Baugerüste allein über den unebenen und glitschigen Boden in die richtige Position zu hieven, hatte viel Kraft gekostet, und nachdem die Arbeit erledigt war, musste er eine längere Verschnaufpause einlegen.

Die Erschöpfung, die er jetzt fühlte, trug zu seiner wachsenden Entmutigung das ihre bei. Er setzte sich auf eine feuchte, halb verrottete Holzkiste und lehnte sich an eine der Säulen, um seine Möglichkeiten zu überdenken.

Derweil, im La-Mosson-Stadion in Montpellier, erwies sich Kamerun als schwer zu knackende Nuss für die haushoch favorisierte italienische Mannschaft. Sicher, Luigi Di Biagio hatte in der siebten Minute den ersten Treffer erzielt, und nachdem die zweite Halbzeit schon ein gutes Stück lief, lag Italien immer noch mit eins zu null vorn. Doch Kameruns von Samuel Etoo geführte Angriffe durchbrachen die italienische Abwehr immer leichter und zwangen Italiens Torhüter Gianluca Pagliuca dazu, die Führung seiner Mannschaft durch eine spektakuläre Parade nach der anderen zu verteidigen.

Zurück in der unterirdischen Basilika überlegte Galway, welche Möglichkeiten ihm blieben. War der Papyrus hinter dem Schlangenrelief selbst versteckt? Es gab keinen anderen Weg, das herauszufinden, als den Stuck zu durchstechen, was nicht wieder gutzumachende Schäden an der zweitausend Jahre alten, kunstvoll ausgeführten Arbeit verursachen würde. Doch wie konnte er eines der ältesten noch existierenden Basreliefs aus dem alten Rom beschädigen, nur um eine Vermutung zu überprüfen? Die Suche auf andere Teile des Baus auszuweiten, schien die noch weniger verlockende Alternative zu sein, besonders in seinem gegenwärtigen Zustand. Er sah auf seine Uhr: Sie zeigte Viertel nach zehn.

Als er den Kopf sinken ließ und sich fast geschlagen gab, traf der Strahl seiner Stirnlampe in einem bestimmten Winkel auf den verschmutzten Sockel der Säule vor ihm. Wäre der Winkel nur ein geringfügig anderer gewesen, er hätte nie wahrgenommen, was er gerade gesehen hatte. Als er seine Augen, die eine Weile ins Leere gerichtet waren, auf den angestrahlten Punkt fokussierte, sprang er auf die Füße und kniete auf den von Rattenkot bedeckten Boden dicht bei der Säule nieder. Aber das Bild, das er eben noch vor Augen gehabt hatte, war verschwunden, und für einen Moment dachte er, er hätte halluziniert. Dieses Mal benutzte er seine Taschenlampe, richtete den Lichtstrahl auf einen Mauerstein an der Basis der Säule und bewegte vorsichtig die Lampe, um den Winkel des einfallenden Lichtes so lange zu verändern, bis das Bild, das er gerade gesehen hatte, wieder vor seinen ungläubigen Augen erschien: zehn kaum wahrnehmbare, in den Stein gravierte kleine Punkte, angeordnet in der Form eines Dreiecks – die Tetraktys, das heilige Symbol der Pythagoreer. Zwei Jahrtausende Erosion hatten die kleinen Einprägungen in dem porösen Stein fast ausgelöscht, aber zumindest Spuren von ihnen waren noch vorhanden – gerade ausreichend, um vom geübten Auge eines Archäologen erkannt zu werden.

Ohne von seiner Müdigkeit noch etwas zu spüren, griff er in seinen Rucksack, um Hammer und Meißel herauszuholen. Trotz seiner unbequemen gehockten Haltung arbeitete er fieberhaft, bis er den Steinblock, der etwas größer als ein Schuhkarton war, gelockert und herausgelöst hatte. Der Block hatte auf einer rechteckigen Steinplatte gelegen, die sich leicht herausstemmen und entfernen ließ und eine ebene, sandige Fläche freigab.

Stark schwitzend und mit Spannung den unmittelbar bevorstehenden Höhepunkt erwartend, drückte er seinen Spachtel in den feuchten Sand. Das Werkzeug drang zur Hälfte ein, bevor es auf eine harte Oberfläche stieß. Unter dem Sand begraben befand sich ein auf der Seite liegendes Terrakottagefäß, dessen Form an eine Flasche erinnerte und dessen Äußeres von einer Art Wachs überzogen war. Über seiner Öffnung spannte sich ein Stück Stoff, das fest verschnürt war.

Er zog das Gefäß aus seinem sandigen Grab und untersuchte es. Es war orangefarben und ziemlich schwer, von doppelt konischer Form, mit einem Henkel und einem weiten zylinderförmigen Hals. Er verzichtete darauf, sein Maßband hervorzuholen, und schätzte seine Höhe auf ungefähr vierzig Zentimeter. Mit einer Bürste säuberte er die sandverkrustete Schnur und schnitt sie anschließend mit seinem Messer an mehreren Stellen durch, bis sie sich von dem Stoffstück ablöste. Ganz vorsichtig entfernte er den Stoffverschluss, an dem immer noch die Schnur haftete.

Das Gefäß schien voller Sand zu sein, was sein Gewicht erklärte. Mit zitternden Händen drehte er es um. Nichts kam heraus – der Sand im Innern war zu dicht gepackt. Mithilfe seines Messers konnte er den Sandpfropfen lösen. Dann schüttelte er das Gefäß mit der Öffnung nach unten kräftig mit beiden Händen, bis der Sand herauszurieseln begann.

Tatsächlich war noch etwas außer Sand in dem Gefäß: ein Metallrohr – von der Art, wie es in früheren Zeiten zur Aufbewahrung von Papyrusschriftrollen benutzt wurde, dachte er, inzwischen überzeugt, dass es enthielt, weswegen er hier war. Bei dem Rohr handelte es sich um einen Zylinder, der anscheinend aus Blei gefertigt war und in einem anderen, kürzeren Zylinder steckte, der als Deckel diente. Rings um den Deckel befand sich eine dunkle Substanz, möglicherweise Pech, die zum Abdichten des Behälters benutzt wurde. Die beiden Teile waren miteinander verklebt, doch durch Bearbeiten mit seinem Messer und wiederholtes Drehen und Ziehen gelang es ihm schließlich, den Deckel abzuziehen. Im Innern des Rohres befand sich etwas, das wie eine zusammengerollte Zeitung aussah, nur deutlich kürzer. Er zog es langsam heraus und hielt es vorsichtig mit seiner Pinzette. Es war eine Papyrusrolle, locker zusammengerollt und wie durch ein Wunder nach 2500 Jahren unversehrt.

Fünfzehn Meter über dem Fußboden der Basilika brach Rom in einen anhaltenden kollektiven Freudenschrei aus – allerdings nicht anlässlich Galways Entdeckung. In Montpellier hatte Christian Vieri in der fünfundsiebzigsten Minute einen Treffer erzielt und damit Kameruns Schicksal praktisch besiegelt, zur Erleichterung der italienischen Fans. Dem italienischen Stürmer gelang vierzehn Minuten später das gleiche Kunststück noch einmal und er setzte das i-Tüpfelchen auf Italiens 3:0-Sieg über die starken Afrikaner.

Es war fünf nach elf, als Elmer Galway auf die Straße hinaustrat und die Eingangstür zur Basilika rasch hinter sich zuzog. Im Rucksack trug er seinen verdreckten Overall und die schmutzigen Werkzeuge. Was die wertvolle

Papyrusrolle betraf, so hatte er nur einen Blick auf die erste Textspalte geworfen, denn die Rolle ohne angemessene Vorkehrungen zu öffnen, könnte sie schwer beschädigen. Glücklich darüber, dass die Rolle seine Erwartungen voll und ganz erfüllte, hatte er mehrere Fotos von ihr und ihrem Versteck aufgenommen, die Rolle danach wieder genau dort deponiert, wo er sie gefunden hatte, und die Spuren seines nächtlichen Besuchs in der antiken Basilika so gut es ging verwischt.

In den Straßen, die auf seinem Weg herüber vom Hotel so still gewesen waren, herrschte jetzt umtriebige Geschäftigkeit. Ein Wagen mit einer im Wind flatternden italienischen Flagge und dröhnendem Partylärm fuhr hinter ihm her. In den Bars und Cafés der angrenzenden Straßen drängten sich ausgelassene Fans, und Autofahrer feierten mit Hupkonzerten Italiens Sieg. „Die lauten Feiern werden wahrscheinlich bis tief in die Nacht andauern", dachte Galway. Das passte perfekt zu seiner Stimmung – auch er hatte etwas zu feiern.

21
Entführt

Die Uhr neben dem Bett zeigte 23:20 Uhr. James Parker, besser bekannt als Jim oder Houdini, lag rücklings auf seinem Bett. Er war vollständig angezogen, hatte die Hände unter dem Kopf verschränkt und überdachte noch einmal die Ereignisse des Tages. Was eine reibungslos durchgeführte Operation hätte sein sollen, war zu einer verfahrenen Geschichte geworden. Er könnte alles auf Rocky schieben, was die Misshandlung von Mr. T betraf, aber was nützte es jetzt noch, die Schuld abzustreiten.

Houdini erinnerte sich an das Treffen vor knapp einer Woche in Dr. Trenchs Büro. Trench hatte damals die Bedeutung der Operation für die Ordensmitglieder betont, die lange den Moment herbeigesehnt hatten, an dem sie mit der Reinkarnation ihres Meister vereint sein würden. Nach einer Suche, die viele Jahre gedauert hatte, hatte man kürzlich ohne den geringsten Schatten eines Zweifels nachgewiesen, dass ihr Meister als Norton Thorp, ein bekannter Mathematiker, der gegenwärtig in New York lebte, wiedergeboren worden war.

Allerdings war sich Dr. Thorp seiner wahren Identität oder seiner Bestimmung als geistiger Führer nicht bewusst, hatte Trench ihnen erklärt. Wenn es ihnen, Houdini und Rocky, jedoch gelingen würde, ihn in den

Tempel zu bringen, dann könnten die Beweise, die ihm vorgelegt würden, in Verbindung mit der tief empfundenen Ergebenheit seiner Anhänger ihn am Ende umstimmen und davon überzeugen, ihr Meister und Führer zu werden.

„Dr. Thorp ist jederzeit mit dem Respekt zu behandeln, der einer heiligen Person gebührt", hatte Trench zu ihnen gesagt. Und mit einem tiefen Blick in Rockys Augen, so als sei der Rat vor allem an ihn gerichtet, fügte er hinzu: „Überzeugung ist der Schlüssel, Zwang wird als letztes Mittel und nur mit äußerster Zurückhaltung ausgeübt." Dann hatte er ihnen einen für Thorp bestimmten Brief übergeben, der ihm die Situation erklärte und ihn in den Tempel einlud, um seine zukünftigen Schüler kennenzulernen.

Houdini rief sich die Ereignisse in Erinnerung, die sie in ihre jetzige missliche Lage gebracht hatten.

An jenem Morgen hatten sie früh ihren Minivan gegenüber dem Apartmentgebäude in Manhattan, in dem Thorp wohnte, geparkt. Als er um die Mittagszeit aus dem Haus kam, hatten sie die Straße überquert und waren auf ihn zugegangen.

Houdini spulte die Szene in seinem Kopf zurück und dachte daran, wie er sie Trench später am Telefon erzählte:

„Rocky machte den ersten Fehler, als er Dr. Thorp am Arm packte, während ich ihn gerade überredete, schön ruhig mit uns zu kommen. Klar, dass der Kerl Angst bekam – er dachte, er würde überfallen, und hörte überhaupt nicht mehr auf das, was ich ihm sagte.

Die Situation spitzte sich weiter zu, als Rocky einen Polizeigriff anwendete und ihn hochhob, alles unter den

Augen des Pförtners, der derweil von seinem Handy die Polizei anrief. Uns blieb nichts anderes übrig, als uns so schnell wie möglich zu verziehen. Rocky schleifte Dr. Thorp zum Wagen und schob ihn hinein, seine große Hand so fest auf Mund und Nase des armen Burschen gepresst, dass der fast erstickte. Im Wagen machten wir ihm Klebeband über den Mund und fesselten ihn. Und schon sammelten sich die ersten Passanten um das Auto. Zum Glück konnten sie wegen der abgedunkelten Scheiben nicht sehen, was im Innern vor sich ging.

Ich fuhr so schnell ich konnte los und mischte mich unter den Verkehr. Eines war mir klar: Wir mussten den Minivan loswerden – die Polizei dürfte von dem Pförtner eine ziemlich genaue Beschreibung bekommen haben."

Sie waren dann über den Hudson River nach New Jersey gefahren und hatten abseits der Interstate 80 in der Nähe von Paterson in einem abgelegenen Motel eingecheckt. Rocky war mit Thorp im Wagen geblieben, während sich Houdini nach einem Doppelzimmer nach hinten erkundigte – „um nicht so viel Verkehrslärm zu haben" – und die Nacht im Voraus bezahlte.

Der einzige Lichtblick in ihrer vertrackten Situation war, dass Thorp sein Verhalten änderte: Nachdem er anfangs Widerstand geleistet hatte, war er jetzt ruhiger. Er schien sich, zumindest vorläufig, mit seinem Schicksal abgefunden zu haben und war gehorsam aus dem Wagen gestiegen und in das Hotel gegangen. Ob dies das Ergebnis von Houdinis Versicherung war, dass sie keine schlechten Absichten hätten und er genau genommen ihr Gast wäre, ließ sich schwer sagen.

Nach dem Einchecken parkten sie den Wagen vor ihrem Zimmer. Rocky hatte Thorp auf den Armen hineingetragen, ihn drinnen jedoch losgebunden und ihm erlaubt, ins Badezimmer zu gehen, hatte ihn aber gewarnt, nicht die Tür abzuschließen und das Klebeband nicht von seinem Mund abzuziehen.

Als Thorp ins Zimmer zurückkam, hatte Houdini ihn aufgefordert, sich zu setzen, und ihm den Brief von Trench gegeben. Nachdem Thorp diesen zu Ende gelesen hatte, hatte Houdini ihn erwartungsvoll gefragt: „Verstehen Sie jetzt? Sind Sie bereit, friedlich mit uns zu kommen?"

Thorp hatte Papier und Bleistift vom Nachttisch genommen und seine Antwort aufgeschrieben: *Sie sind ja komplett verrückt. Lassen Sie mich gehen, und ich werde auf eine Anzeige verzichten.*

Houdini zeigte sich über Thorps Antwort nicht verärgert: „Tut mir leid, Mann, kein Handel. Wir befolgen nur Befehle. Besprechen Sie das mit Dr. Trench", sagte er scheinbar gleichgültig, doch die Art, wie er das Stück Papier zerknüllt und in seine Tasche gesteckt hatte, verriet einen gewissen Missmut.

Nachmittags um Viertel nach fünf hatte Houdini Trench angerufen. Er hatte damit gewartet, in der Hoffnung, es würde doch noch irgendetwas Positives zu berichten geben, konnte den Anruf aber nicht mehr länger hinausschieben.

Trench war offensichtlich nicht sehr glücklich über die Situation, war aber ruhig geblieben. Er hatte geduldig zugehört und Houdini nicht unterbrochen. „Ich werde Sie zurückrufen", hatte er lakonisch gesagt und das Gespräch beendet. „In der Zwischenzeit sorgen Sie dafür, dass im Auto keine verdächtigen Spuren bleiben."

Thorps Entführer hatten das Klebeband von dessen Mund entfernt, ihn jedoch an seinen Stuhl gefesselt. Er hatte kein Wort gesprochen und sie mit einer Mischung aus Belustigung und Verachtung angesehen.

Sie hatten sich Brathähnchen ins Motel kommen lassen und, während sie fernsahen, schweigend gegessen. Die Entführung kam in den Abendnachrichten. Die Beschreibung des Vans – ein grauer Ford Windstar – und die von zwei Personen – zwei Meter, einhundertzehn Kilo, lange braune Haare, Statur eines Ringers; ein Meter fünfundsechzig, achtundsechzig Kilo, Bürstenhaarschnitt, hager – wurden durchgesagt. Laut einer Augenzeugin hatte der Minivan ein Alabama-Kennzeichen, die Nummer, die sie der Polizei gab, stimmte jedoch mit keinem in diesem Bundesstaat registrierten Fahrzeug überein. Houdini grinste, als er das hörte – er hatte gut daran getan, falsche Kennzeichen anzufertigen.

Um Viertel vor sieben hatte das Mobiltelefon geklingelt.

„Wir machen Folgendes“, hatte Trench ohne Umschweife angekündigt. „Richter fliegt gleich morgen früh nach La Guardia. Er wird am Flughafen einen Wagen mieten und zum Motel fahren. Dort werden Sie die Fahrzeuge tauschen. Sie, Rocky, und Ihr Gast werden in dem Mietwagen hierher fahren. Richter wird den Kleinbus zurückbringen. Falls die Polizei ihn anhält, wird er nicht auf die Beschreibung passen, und wenn das Fahrzeug gesucht wird, werden sie darin keine belastenden Beweise finden – ich rate Ihnen übrigens gut, dafür zu sorgen, dass dem so ist.“

„Klar, Chef, schon erledigt. Wir haben den Innenraum sogar gesaugt und den Filter weggeworfen“, sagte Houdini stolz. Und dann hatte er, obwohl er wusste, dass es nicht ganz stimmte, er Trench aber unbedingt beschwichtigen wollte, hinzugefügt: „Ich rechne mit keinen weiteren Schwierigkeiten. Mr. Thorp benimmt sich jetzt, wirklich."

Sie hatten bis elf ferngesehen und sich dann auf die Nacht vorbereitet. Thorp, den sie gefesselt, aber nicht geknebelt hatten, sollte in einem der beiden Betten schlafen, während sie ihn abwechselnd bewachen würden. Rocky würde die erste Schicht übernehmen. Dann war Houdini ins Bett gefallen, ohne wirklich damit zu rechnen, dass er schlafen könnte, zu sehr war er in Gedanken damit beschäftigt, die Ereignisse des Tages zu rekapitulieren.

Am nächsten Vormittag, sie hatten schon ausgecheckt und waren abreisefertig, klopfte kurz vor zwölf Richter an die Tür. Er vermied es, Thorp in die Augen zu schauen. Er empfand plötzlich ein tiefes Schuldgefühl, das aber nicht lange anhielt. Das ist ja im Grunde gar keine Entführung, sagte er sich; er wird verstehen, wenn wir erst die Gelegenheit haben, im Tempel mit ihm zu sprechen.

Sie wechselten nur wenige Worte, bevor sie in ihr jeweiliges Fahrzeug stiegen. Der Mietwagen, ein blauer Lincoln Continental mit Ledersitzen und abgedunkelten Scheiben, fuhr zuerst los. Rocky saß auf dem Rücksitz, zusammen mit Thorp, dessen Hände vor ihm gefesselt waren und dessen Mund mit Klebeband verschlossen war, um unangenehmen Zwischenfällen vorzubeugen. Der Minivan würde ihnen im Abstand von dreißig Minuten folgen und diese Lücke auf ihrer Fahrt zurück nach Chicago beibehalten. Houdini hatte die falschen Kennzeichen gegen die originalen, zum Wagen gehörenden Nummernschilder ausgetauscht.

Am späten Nachmittag, sie fuhren gerade durch Pennsylvania, sah Thorp den Wagen der Autobahnpolizei, der in Fahrtrichtung ungefähr hundert Meter vor ihnen auf dem Seitenstreifen geparkt war. Er hatte auf eine Gelegenheit gewartet, etwas zu unternehmen, und beschloss in Sekundenschnelle, es jetzt zu tun – es war riskant, aber einen Versuch wert, die Aufmerksamkeit des Polizisten auf ihren Wagen zu lenken. Von seinem Platz aus konnte er den Sattelschlepper, der sich mit hoher Geschwindigkeit auf der linken Spur näherte und zum Überholen ansetzte, nicht sehen; andernfalls hätte er seinen Entschluss wohl noch einmal überdacht.

Thorp hatte sich die Szene im Kopf zurechtgelegt und war jetzt bereit, sie zu spielen. In einer durchgängigen Bewegung rutschte er entlang der Rückenlehne seines Sitzes nach unten, winkelte seine Knie in eine hockende Position an und stieß dann mit aller Kraft beide Füße gegen die Kopfstütze des Fahrersitzes vor ihm. Der unerwartete Schlag gegen seinen Hinterkopf ließ Houdini für einen Moment die Kontrolle über den Wagen verlieren. Während Rocky ein „Was zum Teufel ...“ ausstieß, riss der erschrockene Fahrer instinktiv den Wagen nach links und geradewegs in die Bahn des herannahenden Neunachsers.

Der mit mehr als hundertzwanzig Stundenkilometer heranrasende Laster krachte mit der Wucht eines Höllenzugs in die Seite des Wagens. Der Aufprall zerfetzte den Benzintank des Lincoln und schleuderte den Wagen in den Straßengraben, wo er auf dem Dach landete und im selben Augenblick in Flammen aufging.

Die schwarze Rauchsäule, die kerzengerade in die unbewegte Luft aufstieg, war kilometerweit zu sehen. Als Richter sie gegen die untergehende Sonne entdeckte, hatte er eine quälende Vorahnung und rief sofort Houdini auf seinem Handy an. Keine Antwort. Er spürte, wie sich sein Magen zusammenkrampfte.

Als er sich dem Unfallort näherte, bewegte sich der Verkehr nur noch im Schneckentempo. Er konnte die roten Blinklichter der Polizeiwagen und Feuerwehrfahrzeuge in der Ferne erkennen, es dauerte aber noch eine Ewigkeit, bis er nahe genug herankam, um fragen zu können, was passiert war. Jemand sagte es ihm. Die Worte hallten in seinem Kopf wider: „Ein blauer Wagen, New Yorker Kennzeichen", „drei Personen", „keine Überlebenden".

Er fuhr weiter, vorbei an den verkohlten Überresten des Lincoln, und hielt an der ersten Tankstelle, die er fand. Neben der Tankstelle war ein kleiner Imbiss. Er ging hinein, bestellte eine Tasse Kaffee und ging in die Toilette. Nachdem er sich übergeben hatte, war er wieder etwas gefasster, fühlte sich aber noch nicht in der Lage, die schreckliche Nachricht Trench jetzt schon mitzuteilen. In seiner Bestürzung über die Tragödie kam ihm eine praktische Sache in den Sinn: Die Behörden würden nicht in der Lage sein, die Spur des Mietwagens bis zu ihm zu verfolgen. Kreditkarte und Führerschein, die er benutzt hatte, waren gefälscht. Houdini hatte sie mithilfe von Informationen, die er auf Internetseiten gehackt hatte, „geklont". „Ein gewisser John N. Lewis aus Cleveland wird der Polizei einige Fragen beantworten müssen", dachte er.

Nachdem er seinen Kaffee getrunken hatte, fühlte er sich wieder besser und verspürte sogar Hunger. Er griff nach seinem Handy und rief Trench an.

22
Das letzte Teil des Puzzles

Der Journalist der *Times* hatte eine halbe Stunde gewartet, als Elmer Galway in den Gemeinschaftsraum für die leitenden Wissenschaftler hastete, einen Stapel Papiere und Aktenordner mit einem Arm gegen seine Brust geklemmt. Er hielt einen Moment inne, um Luft zu holen, blickte sich um und ging auf seinen Besucher zu.

„Es tut mir schrecklich leid, dass ich mich so verspätet habe, Mr. Morrison", sagte er und streckte seine freie Hand aus. „Ich wurde durch ein sehr wichtiges Treffen aufgehalten, es ging um das Schicksal unserer wissenschaftlichen Zeitschriften."

Thomas Morrison zeigte ein kurzes, verständnisvolles Lächeln, erhob sich und schüttelte Galways Hand. Er war ein sanfter, freundlicher Mann in den Dreißigern, der erst seit kurzem bei der Londoner Zeitung arbeitete, nachdem er sich viele Jahre als freiberuflicher Autor durchgeschlagen hatte. Beim Lesen der Pressemitteilung – *Englisch-italienisches Team entdeckt griechischen Mathematik-Papyrus aus dem 6. Jahrhundert vor Christus* – hatte er sofort Galway kontaktiert und ihn um ein Interview gebeten – eine von zahlreichen Anfragen, die der Oxford-Professor in den vergangenen vierzehn Tagen bekommen hatte.

„Ist schon in Ordnung, Professor Galway", erwiderte er auf Galways Entschuldigung. „Ich nahm an, dass Sie viel beschäftigt sein würden seit Bekanntgabe der Entdeckung, und ich hatte nicht erwartet, Sie überhaupt so schnell für ein Interview zu bekommen."

„Es ist ziemlich hektisch gewesen, das stimmt", gab Galway zu, „aber ich habe nichts dagegen. Es freut mich zu sehen, dass zur Abwechslung einmal Archäologie und Geschichte statt Physik und Astronomie Schlagzeilen machen. Alle diese Geschichten über Teleportation, dunkle Materie und multiple Universen mögen die Fantasie der Leute anregen, aber wo sind die Beweise? Sie sind kaum mehr als pure Spekulation, wenn Sie mich fragen."

Morrison zögerte und verzichtete schließlich auf einen Kommentar, aus Sorge, mit dem Professor in eine unerwünschte Konfrontation über diese Frage zu geraten. Galway, der von dem Journalisten keine Reaktion erwartet hatte, führte diesen bereits zu einer ruhigen Ecke des Raumes, wo er Morrison anbot, sich zu setzen, bevor er sich selbst in einen Sessel fallen ließ.

„Haben Sie etwas dagegen, wenn ich unser Gespräch aufzeichne?", fragte Morrison und holte ein kleines Tonbandgerät aus seiner Aktentasche hervor.

Galway antwortete, dass er nichts dagegen habe, und das Interview begann.

„Könnten Sie mir zunächst etwas über die Umstände sagen, die zur Entdeckung des Papyrus geführt haben?"

Der Professor rutschte etwas in seinem Sessel hin und her und begann zu erzählen.

„Wir, mein italienischer Kollege Doktor Antonio Marcheggiano und ich, erfuhren von der Existenz des Papyrus aus einem mittelalterlichen Buch, das vergangenen Herbst in London auftauchte und später versteigert wurde. Ich wurde hinzugezogen, um ein Gutachten über die Echtheit und die historische Bedeutung des Buches zu erstellen, bei dem es sich um einen arabischen Text auf Pergament handelte. Nach meiner Einschätzung handelte es sich bei dem Buch um die Übersetzung eines griechischen Briefes, der um fünfhundert vor Christus von einem Schüler des berühmten Philosophen und Mathematikers Pythagoras an einen anderen von dessen Anhängern geschrieben wurde. Neben anderen Dingen von enormem Wert für Historiker erwähnte der Brief die Existenz eines Manuskripts aus Pythagoras' Hand, welches in jener Zeit, fünfhundert vor Christus, nur eine Papyrusrolle gewesen sein konnte. Obwohl der Brief keinen Hinweis auf dessen Inhalt oder möglichen Aufbewahrungsort enthielt, war darin erwähnt, das Manuskript sei um jeden Preis zu schützen. Wir folgerten daraus, dass wohl außergewöhnliche Vorkehrungen getroffen worden waren, um den Papyrus vor den zerstörerischen Einflüssen der Zeit zu bewahren, und dass somit eine gewisse Wahrscheinlichkeit bestand, dass es nach 2500 Jahren noch existierte."

Galway machte eine Pause und rutschte erneut ein wenig in seinem Sessel hin und her.

„Und Sie hatten keine Ahnung, wo der Papyrus versteckt sein könnte?", fragte Morrison.

„Nicht die geringste – und die Geschichte hätte hier schon gut zu Ende sein können, wäre da nicht die Entdeckung eines anderen Buches, besser gesagt, eines anderen Teils desselben Buches gewesen."

„Was meinen Sie?"

„Es stellte sich heraus, dass das mittelalterliche Buch ursprünglich acht Seiten mehr enthielt, auf denen sich kunstvolle Zeichnungen befanden. Diese Seiten wurden herausgetrennt, vermutlich um separat verkauft zu werden, es ist uns jedoch gelungen, Fotokopien der Seiten zu bekommen. Wir vermuteten stark, dass die kunstvoll ausgeführten Zeichnungen, Arabesken und mathematischen Symbole intelligent versteckte Hinweise auf den Ort enthielten, an dem sich der Pythagoras-Papyrus befand. Das Problem war, dass es uns trotz größter Anstrengungen nicht gelang, die verborgenen Informationen zu entziffern, und wir begannen uns zu fragen, ob es diese Informationen überhaupt gab."

Galway berichtete Morrison weiter, wie er in den Papieren seines Vaters die Darstellung des Basreliefs mit dem Schlangenmotiv gefunden hatte, die in Verbindung mit der Zeichnung, die sie zuvor erfolglos zu deuten versucht hatten, einen recht guten Anhaltspunkt ergab, wo der Papyrus versteckt war. Nachdem sie die erforderlichen Genehmigungen von den italienischen Behörden erhalten hatten, hätten er und sein Kollege die neupythagoreische Basilika an entsprechender Stelle abgesucht und die sensationelle Entdeckung gemacht: ein 2500 Jahre alter Papyrus, wahrscheinlich von Pythagoras eigenhändig verfasst und wie durch ein Wunder sehr gut erhalten.

„Und wovon handelt der Papyrus?", fragte der Journalist.

„Wir analysieren ihn noch, können aber sicher sagen, dass er zahlreiche mathematische Lösungen der alten Griechen enthält, Erkenntnisse, die bisher nur indirekt bekannt waren, aus Schriften und Übersetzungen, die Jahrhunderte nach Pythagoras' Zeit entstanden sind. Es handelt sich um die älteste existierende Aufzeichnung von mathematischen Erkenntnissen aus der griechischen Antike und damit um ein Dokument von unschätzbarem Wert für die Geschichte der Mathematik."

„Ich vermute, die meisten oder sogar alle Papyri aus Pythagoras' Zeit sind über die Jahrhunderte verloren gegangen oder zerstört worden, weil man sich keine besondere Mühe machte, sie zu schützen", sagte Morrison und leitete damit zu seiner nächsten Frage über: „Was ist so besonders an diesem, dass derart ungewöhnliche Maßnahmen zu seiner sicheren Aufbewahrung gerechtfertigt waren?"

Zum ersten Mal während des Interviews zögerte Galway. Er nahm seine Brille ab und rieb sich die Augen, bevor er antwortete, und es schien, als würde er jedes Wort sorgfältig abwägen.

„Ehrlich gesagt, das ist auch für uns noch etwas rätselhaft. Aber wir arbeiten daran."

Später, zurück in seinem Büro, überlegte Galway, wie nah an der Wahrheit (oder wie weit von ihr entfernt) die Geschichte war, die er dem Journalisten der *Times* – und anderen, die im Wesentlichen dieselben Fragen über die Entdeckung des Papyrus gestellt hatten – erzählt hatte. Er hatte nicht gelogen, nur etwas ausgelassen, sagte er sich, denn die Geschichte war im Grunde wahr, bis auf die Tatsache, dass sein italienischer Kollege erst am Ende und nicht von Anfang an involviert war.

Galway hatte nach seinem erfolgreichen römischen Abenteuer auf der Rückreise nach Oxford dem bekannten italienischen Archäologen und Direktor der Kapitolinischen Museen Antonio Marcheggiano einen Besuch abgestattet. Er hatte dem Italiener erzählt, er wäre auf der Spur einer mutmaßlich von Pythagoras verfassten Papyrusrolle und hätte kürzlich durch Zufall gewisse Aufzeichnungen gefunden, die Hinweise auf deren möglichen Verbleib irgendwo im Zentrum von Rom enthielten. Und dann machte er sein Angebot: Würde Dottore Marcheggiano daran interessiert sein, bei der Suche nach der Handschrift sein Partner zu werden und ihm dafür dabei helfen, die nötigen Ausgrabungsgenehmigungen der italienischen Behörden zu bekommen?

Es war das Beste, es so zu machen, hatte er gedacht und tat es immer noch – einen Alleingang zu wagen, war zu riskant. Selbst wenn er der alleinige Entdecker wäre, würde die Rolle sofort als Teil des italienischen Kulturerbes beschlagnahmt, und er würde sie verlieren. Er bezweifelte, dass die Italiener einem ausländischen Archäologen erlauben würden, den Papyrus als Erster zu untersuchen, geschweige denn eine Übersetzung von diesem zu veröffentlichen. Sicher, wenn er Marcheggiano als Mitentdecker ins Boot holte, würde er den Ruhm teilen müssen, doch dafür hätte er die Gewähr, von Anfang an direkten Zugang zu der kostbaren Rolle zu haben. Den Fang zu teilen, war ihm als der einzige Weg erschienen, ein Stück davon – und kein unerhebliches – für sich selbst zu sichern.

Sein Plan funktionierte genauso, wie er es sich vorgestellt hatte. Die „Entdeckung" der Rolle fand in Anwesenheit von Marcheggiano und dessen Team statt, unter hellem Scheinwerferlicht und vor laufenden Videokameras. Der Papyrus wurde mit der nötigen Vorsicht aus seinem Metallbehälter befreit, in einen speziellen Schutzbehälter umgesetzt und an das Restaurierungslabor der Kapitolinischen Museen geschickt, wo er unter optimalen Bedingungen von Temperatur und Luftfeuchte behutsam entrollt, digital gescannt und verschiedensten Tests und Analysen unterzogen wurde. Eine Pressekonferenz wurde abgehalten, Pressemitteilungen in diversen Sprachen verbreitet und eine Party zur Feier der bedeutsamen Entdeckung gegeben. Bei alldem stand er gemeinsam mit dem italienischen Archäologen im Rampenlicht: Sein Einsatz hatte sich ausgezahlt.

Ein Dreimannteam mit Galway an der Spitze wurde gebildet, das den antiken Text übersetzen und analysieren sollte. Vollständig entrollt maß der Papyrus 24 mal 96 Zentimeter. Die Rolle war durchgehend in Spalten von ungefähr sieben Zentimeter Breite und ohne Wortzwischenräume beschrieben; zwischen den Spalten war ein Abstand von etwa einem Zentimeter gelassen. Wie im Altertum üblich, gab es keinen Titel am Anfang des Manuskripts, und es war ein Leerraum gelassen worden, um den ersten Teil der Rolle zu schützen. Es war weder unterzeichnet noch hatte der Verfasser sich selbst zu erkennen gegeben; der Stil und die gehobene Sprache ließen jedoch eindeutig darauf schließen, dass wer immer den Papyrus geschrieben hatte, zur Elite eines hoch gebildeten Personenkreises gehörte. Ferner konnte man aufgrund der komplexen mathematischen Ausführungen annehmen, dass der Autor in dieser Wissenschaft äußerst bewandert war. Alles in allem, und unter Berücksichtigung der Hinweise, die zu seiner Entdeckung führten, hatten die Mitglieder des Teams das sichere Gefühl, dass sie in den Besitz eines äußerst ungewöhnlichen Schatzes gelangt waren, an dessen Existenz sie bisher nicht zu denken gewagt hatten: eine von Pythagoras eigenhändig verfasste Handschrift.

Sie begann mit einer Mahnrede:

Alle Bewohner von Städten oder dem Land sollten aufgrund ihrer Beobachtung des Himmels und des Erdkreises, wie auch der wohlgefügten Ordnung der darin enthaltenen Wesen, vor allem anderen fest von der Existenz von

> *Gottheiten überzeugt sein. Denn jene sind nicht Hervorbringungen des Zufalls oder des Menschen.*

Diese göttliche „wohlgefügte Ordnung", die der Autor reklamierte, wurde bestimmt durch die Gesetze der alles beherrschenden „Zahl", nicht nur in „Himmel und Erdkreis", sondern in allen menschlichen Aktivitäten und Erzeugnissen. Über das Universum sagte der Text, dass *es seit allen Ewigkeiten existiert und ewig sein wird* und dass es aus fünf *mathematischen* Körpern besteht. Diese Körper sind der Ursprung der vier Elemente (Erde, Feuer, Luft und Wasser), aus welchen alles besteht: Erde entstand aus dem Würfel, Feuer aus dem Tetraeder, Luft aus dem Oktaeder, Wasser aus dem Ikosaeder und die *Sphäre der Ganzheit* aus dem Dodekaeder. Was der Autor als „mathematische" Körper bezeichnet, sind folglich die fünf regulären Vielflächner, auch bekannt als platonische Körper. Diese sind definiert als konvexe Polyeder, deren Flächen deckungsgleiche regelmäßige Polygone wie Dreiecke, Quadrate oder Fünfecke sind.

Es folgte eine Art Auflistung mathematischer Ergebnisse, welche die Vorstellung von Ordnung und Harmonie untermauern und die gewöhnlich der pythagoreischen Schule zugeordnet werden: Eigenschaften von verschiedenen Zahlenklassen: „vollkommene" Zahlen, „Dreieckszahlen" und „Quadratzahlen"[6]; Theoreme über Dreiecke, Polygone und Kreise, darunter der berühmte pythagoreische Lehrsatz, sowie eine Methode zur Konstruktion rechtwinkliger Dreiecke für jede angenommene ungerade Zahl n als kürzeste Seite, welche, in heutiger Schreibwei-

[6] Siehe Anhang 5

se, ausgedrückt wird durch die Formel $n^2 + [(n^2 - 1)/2]^2 = [(n^2 + 1)/2]^2$ (für $n = 3$ zum Beispiel erhält man das bekannte 3-4-5-Dreieck).

Das Manuskript erwähnte außerdem *die vollkommenste Ausgewogenheit, bestehend aus vier Termen, die richtigerweise musikalisch genannt werden* und illustrierte diese anhand der Zahlen 6, 8, 9, 12. Der Verfasser bezog sich wahrscheinlich auf die Tatsache, dass das Verhältnis 6:12 zwischen den äußersten Lagen oder Extremwerten die Oktave (= 1:2) repräsentiert; sowohl 6:8 als auch 9:12 repräsentieren die vollkommene Quarte (= 3:4) und 6:9 und 8:12 die vollkommene Quinte (= 2:3). Weiter ist 9 das arithmetische Mittel der zwei äußersten Lagen (9 = (6 + 12)/2) und 8 ihr harmonisches Mittel. (Das harmonische Mittel zweier Zahlen a, b ist die Zahl c gleich $2ab/(a + b)$ – oder, gleichbedeutend, $1/c$ ist das arithmetische Mittel ihrer Kehrwerte $1/a$ und $1/b$.)

Die Schriftrolle endete mit einer geheimnisvollen Warnung vor *der Ankunft eines falschen Propheten, der die Menschen zu täuschen und irrezuführen sucht, indem er die Herrschaft des Chaos über Ordnung und Harmonie predigt, und der die Zahl als das alles einende Prinzip, durch welches die vollkommene Erkenntnis alles Existierenden erlangt werden kann, ablehnt. Er muss aufgehalten werden, und mit Gottes Hilfe wird es so geschehen.*

Die Bedeutung dieses letzten Teils blieb dem Team, das den Papyrus untersuchte, unklar. Wenn man es außer Acht ließe, argumentierten sie, könnte das Manuskript als eine Art Kompendium pythagoreischer Prinzipien und Errungenschaften angesehen werden, deren Bewahrung zum Wohl zukünftiger Generationen dem berühmten Philosophen ein großes Anliegen war.

Galway schloss sich widerwillig dieser Interpretation an, die von den beiden anderen Mitgliedern des Teams favorisiert wurde, er hatte jedoch das dumpfe Gefühl, dass irgendetwas daran nicht stimmte, dass ein Teil des Puzzles fehlte.

An einem trostlosen kalten Morgen Ende November 1998 war Galway von seinem Morgenspaziergang mit Slipper zurückgekommen und wollte gerade unter die Dusche gehen, als es an der Tür klingelte. Er erwartete keinen Besuch, schon gar nicht um diese frühe Uhrzeit.

Während Slipper an seiner Seite bellte, spähte Galway durch den Türspion und sah einen kleingewachsenen, recht jungen Mann mit freundlichem Gesicht, der einen blauen Parka und graue Hosen trug. Der Gedanke, dass der Unbekannte sich im Ort irrte, kam ihm in den Sinn, war aber schnell wieder verworfen. Er hatte die Tür erst halb geöffnet, als der Mann mit erwartungsvoller Stimme sagte:

„Professor Galway? Bitte verzeihen Sie, dass ich mich Ihnen auf diese Weise aufdränge, aber ich bin sicher, es wird Sie interessieren, was ich Ihnen über Pythagoras zu erzählen habe."

Etwas an der Erscheinung des Mannes – vielleicht der intelligente Ausdruck seiner klaren grauen Augen – war für Galway beruhigend genug, um die Tür ganz zu öffnen und ihn hereinzubitten.

„Bitte kommen Sie herein, Mr. ...?

„Davidson. Jule Davidson." Der unerwartete Besucher trat ein und wurde sofort gründlich von Slipper beschnüffelt. Galway, der einen rot-weiß gestreiften Bademantel trug, ging ihm durch den Flur voraus ins Wohnzimmer. Ohne den Kopf zu drehen, sagte er: „Nehmen Sie bitte

Platz, Mr. Davidson. Ich bin in ein paar Minuten wieder bei Ihnen“, und verschwand, den Hund zurücklassend, als sollte er ein wachsames Auge auf den Unbekannten haben.

Jule setzte sich auf ein zerschlissenes Ledersofa gegenüber dem offenen Kamin und sah sich im Raum um. Er war dunkel, das einzige Licht fiel durch ein Fenster zum Vorgarten, da Galway kein Licht angemacht hatte. Die Wände waren übersät von eingerahmten Fotografien, überwiegend Gruppenbilder; es gab ein paar Gemälde und eine Reihe leuchtend bunter afrikanischer Masken. Die Einrichtung war spärlich – ein Sessel und zwei Tischchen neben dem Sofa –, dafür drängte sich eine große Zahl von Gegenständen in dem Zimmer, von kleinen Elfenbeinfiguren bis zu einem ägyptischen Sarkophag, der in einer Ecke stand. Als Lichtquellen gab es eine Tischlampe, eine Stehleuchte und ein Kristalllüster.

„Woher kommen Sie, Mr. Davidson?“ Die Frage ließ Jule hochschrecken, der unwillkürlich aufstand, sich auf ein Zeichen von Galway, der sich umgezogen hatte und jetzt eine Tweedjacke und Kordhosen trug, jedoch gleich wieder setzte.

„Ich komme aus dem Osten der Vereinigten Staaten, New Hampshire, um genau zu sein.“

„Und Sie haben den weiten Weg hierher gemacht, um mir etwas über unseren gemeinsamen Freund Pythagoras zu erzählen“, sagte Galway in leicht amüsiertem Tonfall. Er saß in einem Sessel am anderen Ende des Zimmers und schien die Gesellschaft des unangekündigten amerikanischen Besuchers zu genießen.

„Eigentlich reise ich durch Europa auf einer Art Forschungsurlaub. Ich habe jede Menge Zeit. Übrigens muss ich mich bei Ihnen entschuldigen." Jule beugte sich nach vorn und fixierte Galway: „Vor einigen Monaten ist jemand in Ihr Haus eingebrochen und hat Ihren Computer gestohlen. Ich fühle mich dafür mitverantwortlich, und ich werde Ihnen erzählen, warum. Bitte akzeptieren Sie mein aufrichtiges Bedauern für das Eindringen und den Diebstahl."

Galway hatte nicht damit gerechnet, dass die Unterhaltung eine solche Wendung nehmen würde. Er wurde etwas nervös, was sich in seinem Tonfall äußerte.

„Sie sind nicht die Person, die eingebrochen ist, schließe ich aus ihren Worten."

„Nein, diese Person ist jetzt tot."

Peinliches Schweigen folgte. Es wurde von Jule unterbrochen: „Lassen Sie mich am Anfang beginnen. Ich nehme nicht an, Sie kennen eine amerikanische", er zögerte, „pseudo-religiöse Organisation namens ‚Der Leuchtturm.'"

„Nein. Was ist damit?"

„Es handelt sich in Wahrheit um eine Sekte von Neupythagoreern, die Pythagoras als ihren Meister verehrt."

„Esoterische Sekten dieser Art existierten während des Römischen Reichs, mir war allerdings nichts von irgendeiner zeitgenössischen neupythagoreischen Gruppierung bekannt. Sind Sie ein Mitglied dieser Sekte?"

„Nein, aber ich habe für sie gearbeitet. Sie haben mich engagiert, damit ich ihnen helfe, Pythagoras zu finden."

Galway sprang fast aus seinem Sessel auf.

„Wie bitte?"

„Ja, das war ihr Ziel"

„Sprechen wir von demselben Pythagoras?"

„Das tun wir. Aber lassen Sie mich erklären. Die Führer der Sekte behaupteten, in obskuren Bibliotheken im

Nahen Osten stichhaltige Beweise gefunden zu haben, dass Pythagoras in der Mitte des zwanzigsten Jahrhunderts wiedergeboren würde." Jules machte eine Pause und beobachtete Galways Reaktion. Der Professor verharrte ausdruckslos und wartete, dass sein Gegegnüber fortfuhr.

„Ich denke, es war eher ein Glaubensakt ihrerseits", hob Jules erneut an. „Wie dem auch sei, sie hofften Pythagoras' Reinkarnation zu finden und diesen davon zu überzeugen, ihr Meister und Führer zu werden."

„Glauben Sie an Wiedergeburt?"

„Anfangs glaubte ich nicht daran, doch ... es geschahen einige Dinge – ich weiß nicht mehr, was ich glauben soll. Ich gehörte der Suchmannschaft an. Als wir erfuhren, dass das mittelalterliche Buch mit Hinweisen auf Pythagoras in London zum Verkauf stand, wollten wir wissen, was es damit auf sich hat. Weil unsere Mittel nicht ausreichten, das Buch zu kaufen, stahlen wir – ich meine, ein Mitglied unseres Teams – Ihren Computer, in der Hoffung, unter Ihren Dateien die Übersetzung zu finden."

„Und so war es dann, herzlichen Glückwunsch", warf Galway leicht sarkastisch ein.

„Ja, aber sie half uns nicht bei unserer Suche nach Pythagoras."

„Und haben Sie ihn zu guter Letzt gefunden?", fragte Galway ohne Umschweife. Er erwartete natürlich ein klares „Nein", Jules Antwort war jedoch alles andere als eindeutig und keineswegs negativ.

„Eine Zeitlang glaubte ich, wir hätten ihn gefunden, ich bin mir allerdings nicht mehr so sicher."

Galway konnte seine Verwirrung nicht verbergen. Er rutschte nach vorn auf die Sesselkante.

„Was wollen Sie damit sagen?", fragte er und sah Jule aufmerksam an.

Jule erzählte ihm weiter, wie sie die Tatsache, dass Norton Thorp die Reinkarnation Pythagoras' war, als sicher bewiesen ansahen. Er erwähnte nicht die tragische Entführungsepisode und sagte nur soviel, dass Thorp – bedauerlicherweise – bei einem Autounfall ums Leben gekommen war, bevor sie mit ihm sprechen konnten. Die Polizei hatte im Zusammenhang mit der Entführung jedenfalls nie eine Spur zu Trench oder der neupythagoreischen Sekte verfolgt. Der Tod eines so profilierten Wissenschaftlers hatte eine umfangreiche Untersuchung auf höchster Ebene ausgelöst, das FBI kam aber zu dem Ergebnis, dass Rocky, der bei der Polizei schon bekannt war, gemeinsam mit einem Komplizen Thorp in erpresserischer Absicht entführt hatte.

Galway sagte eine Zeitlang nichts. Er schien mit sich zu ringen, ob er die Möglichkeit der Wiedergeburt kategorisch ablehnen sollte oder ob er nicht anerkennen musste, dass es vielleicht mehr als nur simple Zufälle in Jules Geschichte gab.

„Sie sagten, Sie wären nicht mehr sicher, ob Thorp Pythagoras' Reinkarnation war. Warum?", fragte er endlich.

„Ich bin kürzlich auf einen Aufsatz von Thorp gestoßen, der nach seinem Tod veröffentlicht wurde, eine Art mathematisches Testament. Übrigens, Sie haben mich nie gefragt, womit ich meinen Lebensunterhalt verdiene. Ich bin Mathematiker und kann deshalb die Bedeutung von Thorps bahnbrechenden Erkenntnissen sehr gut einschätzen: Zufall und Chaos, und nicht Vorhersagbarkeit und Ordnung sind der Kern der Mathematik. Und das hat weitreichende Konsequenzen auch für andere Wissenschaften, ganz besonders für die Physik, denn wenn man keine Beziehungen herstellen kann, kann man nichts lösen oder beweisen. Eine solcher Befund ist exakt das Gegenteil der Auffassungen Pythagoras', für den nicht der Zufall, sondern Zahlen die Welt regieren, und für den derjenige alles begreifen kann, der ihre Geheimnisse entschlüsselt. Nach Thorp sind jedoch die Geheimnisse der Zahlen weitestgehend unergründlich und Pythagoras' Vorhaben somit von Anfang an zum Scheitern verurteilt. Um es auf den Punkt zu bringen: Wenn wir Pythagoras mit Christus vergleichen, dann ist Thorp der Antichrist, wie also konnte er Pythagoras' Reinkarnation sein?"

Er machte eine Pause und beobachtete Galways Reaktion auf seine Ausführungen. Der Professor war sprachlos vor Erregung, sein Mund öffnete sich stumm, bis er endlich, mehr zu sich selbst, sagte: „Das fehlende Teil des Puzzles ... *Hüte Dich vor der Ankunft eines falschen Propheten, der die Menschen zu täuschen und irrezuführen sucht, indem er die Herrschaft des Chaos über die Ordnung predigt.*" Er zitierte aus dem letzten Abschnitt des Pythagoras'schen Papyrus, welcher ihm jetzt in neuem Licht erschien.

„Die Prophezeiung von Pythagoras' Wiedergeburt könnte sich am Ende also doch erfüllt haben", sagte er zu Jule, der keine Ahnung hatte, was dem Professor durch den Kopf ging.

Galway fuhr fort: „Lassen Sie mich erzählen, wie die verschiedenen Teile des Puzzles zusammenpassen *könnten*, nur könnten – die Rekonstruktion der Vergangenheit ist keine exakte Wissenschaft.

„Pythagoras erfuhr auf irgendeine Weise – von einem Orakel oder durch einen Traum –, dass irgendwann in der Zukunft ein Mensch von unübertroffener Intelligenz, auf der ganzen Welt bewundert und respektiert, behaupten würde, beweisen zu können, dass Zufall und Chaos und nicht Vorhersagbarkeit und Ordnung in Wahrheit die Welt regieren. Für Pythagoras und seine Schule würde ein solches Individuum den Anti-Pythagoras – oder Antichrist, wie Sie ihn nannten – personifizieren, einen, der falsche und böse Ideen in die Welt streut, um die Menschen daran zu hindern, die wahre Natur des Seienden zu erkennen. Dieser zukünftige Ketzer muss um jeden Preis aufgehalten werden. Das wird die Mission des wiedergeborenen Pythagoras sein.

Pythagoras schrieb dann die nach seinem Dafürhalten wichtigsten Erkenntnisse und den Zweck seiner Mission *als eine Botschaft an seine eigene Reinkarnation* nieder und setzte ein Mechanismus für die Bewahrung dieser Information in Gang, vielleicht durch eine Kette von Wächtern, in der jeder das Dokument an den nächsten übergab. Dies könnte die außergewöhnlichen Vorsichtsmaßnahmen erklären, die zu dessen Schutz getroffen wurden. Einige Historiker der Antike, wie der Philosoph Porphyrius im dritten Jahrhundert, erwähnen gewisse Schriften, welche die Pythagoreer ihren Söhnen oder Ehefrauen hinterließen, um sie innerhalb der Familie zu bewahren – ein Auftrag, der lange Zeit befolgt wurde.

Irgendwann wird die wertvolle Schriftrolle dann zu ihrem bestmöglichen Schutz in der neupythagoreischen Basilika versteckt, vielleicht von einem Mitglied einer esoterischen Sekte, die sich dort zum Gebet versammelte; und es werden Hinweise hinterlassen, damit die Rolle wieder gefunden und Pythagoras' Reinkarnation erkannt werden kann – der Brief des Pythagoreers, in dem eine

Handschrift des Meisters erwähnt ist; die Zeichnung des Schlangenreliefs; die in den Stein gravierte Tetraktys; das griechische Gedicht und vielleicht andere mehr. Abschriften und Übersetzungen dieses Dokuments – nicht immer gewissenhaft oder vollständig ausgeführt – sind über Jahrhunderte im Umlauf. Die meisten von ihnen sind verloren gegangen oder wurden vernichtet, eine jedoch findet ihren Weg in die Eingeweide der Basilika des heiligen Franziskus in Assisi. Als das Erdbeben im September 1997 das mittelalterliche Buch zutage fördert, setzt es eine Kette von Ereignissen in Gang, die zur Entdeckung des kostbaren Papyrus führt."

Jule hatte dem Professor zugehört, ohne dass er es gewagt hätte, ihn auch nur ein einziges Mal zu unterbrechen. Er hatte viele Fragen, es gab jedoch eine, die ihn am meisten beschäftigte: „Sie glauben also, dass Thorp wahrscheinlich der Antichrist, oder vielmehr der Anti-Pythagoras war, den Pythagoras so fürchtete, oder?"

„Das habe ich nicht gesagt. Meine Geschichte ist bestenfalls eine plausible Vermutung und im schlechtesten Fall wilde Spekulation. Persönlich glaube ich nicht an Wiedergeburt, wenn es aber so wäre, dann würde ich die Möglichkeit nicht ausschließen, dass Thorp *sowohl* der Anti-Pythagoras *als auch* Pythagoras' Reinkarnation gewesen sein könnte, der, dank seines überragenden Intellekts und ausgestattet mit dem wissenschaftlichen und mathematischen Wissen des zwanzigsten Jahrhunderts, die Grundfesten seiner eigenen Glaubenslehre niederriss."

„Wenn dem so ist ... welche Ironie! Wiedergeboren zu sein als dein ärgster Feind!" Jule schüttelte den Kopf und lehnte sich in dem weichen, tiefen Ledersofa zurück. Er fühlte sich erschöpft.

Es war schon spät am Vormittag, und beide hatte noch nichts gegessen.

„Ich bin hungrig", sagte Galway und stand auf. „Was ist mit Ihnen?" Und noch bevor Jule antworten konnte, fügte er hinzu. „Kommen Sie in die Küche, ich mache uns etwas zum Frühstück."

Epilog

„Hier ist Ihre Crew. Bitte nehmen Sie wieder Ihre Plätze ein." Die Stimme des Flugkapitäns erfüllte das schwach beleuchtete Business-Class-Abteil der Maschine, in dem Elmer Galway und Bradley Johnston bequem saßen. Der British-Airways-Flug 93 von London Heathrow nach Toronto International Airport befand sich im Landeanflug auf seinen Zielflughafen. Galway sah aus dem Fenster. Die Maschine tauchte in ein Meer dicker Wolken ein und ein leichter Nieselregen sprühte gegen die Fensterscheiben. Es war Frühling 2000, fast zweieinhalb Jahre nachdem Irena Montryan nach Oxford gereist war, um Galway wegen ihrer Ausstellung um Hilfe zu bitten, und sie stattdessen mit einem ehemaligen Studenten des Professors gesprochen hatte.

Bradley Johnston freute sich darauf, sie wiederzusehen, und hoffte auf eine Gelegenheit, sie näher kennenzulernen. Die nächsten Tage versprachen allerdings ziemlich hektisch zu werden. Ein Wagen würde sie am Flughafen erwarten und zum Hotel bringen. Ihnen würde dann gerade genug Zeit bleiben, um einzuchecken, sich frisch zu machen und für den Abend umzuziehen, bevor sie zur offiziellen Eröffnung der Ausstellung chauffiert würden, die um halb acht begann. Viel lokale Prominenz wurde zu dem Empfang erwartet. Galway würde eine der Ansprachen halten und darin einen Vorgeschmack auf seine für den darauffolgenden Nachmittag vorgesehenen Vortrag über den Papyrus und die Geschichte seiner Entdeckung geben.

Bradley, der selbst keine offizielle Aufgabe hatte, würde sich wahrscheinlich an Galway heften und für seinen Assistenten gehalten werden – eine Aussicht, die ihm nicht besonders behagte. Irena hatte darauf bestanden, dass er mitkam, und weil das Museum die Spesen übernahm, hatte er die Einladung angenommen. Vielleicht hatte sie etwas für ihn vorgesehen. Der Gedanke an diese Möglichkeit munterte ihn etwas auf.

Das bunte Transparent, das quer über die neoklassizistische Fassade des Royal Ontario Science Museum gespannt war, war kaum zu übersehen:

MATHEMATIK: VON IHREN URSPRÜNGEN
ZU IHREN GRENZEN

Drinnen war das Juwel der Ausstellung in einem eigenen Raum zu bewundern, unter diskreten, aber dennoch massiven Sicherheitsvorkehrungen. Es war in vollständig entrolltem Zustand in einer Glasvitrine in der Mitte des Raumes ausgestellt. Zwei gedämpfte Lichtkegel illuminierten die Vitrine. Die Aufschrift lautete:

Älteste erhaltene Niederschrift mathematischer Entdeckungen.
Verfasst in klassischem Griechisch (ionisches Alphabet) ohne Wortabstände.
Pythagoras zugeschrieben.
Papyrus, ca. 500 v. Chr.
Leihgabe des Kapitolinischen Museums, Rom.

Anhang 1

Jules Lösung

Im Folgenden geben wir einige Hinweise für die Lösung zur Frage der Wahrscheinlichkeit. Die Begriffe, Formeln und Schreibweisen sollten Mathematikstudenten im Grundstudium geläufig sein.

Wir betrachten den allgemeinen Fall von n Spielern. Eine Verteilung von n Kappen unter diesen n Spielern lässt sich mathematisch ausdrücken als Permutation s über eine Menge $\{1, 2, ..., n\}$ von n Elementen, wobei $s(i) = j$ bedeutet, dass Spieler i Kappe j herausgreift. Die Anzahl dieser Permutationen ist $n!$ (n Fakultät).

Permutationen s, für welche $s(i) \neq i$ für $i = 1, 2, ..., n$, werden als *Derangements* bezeichnet und entsprechen Verteilungen von Kappen, bei welchen keiner der Spieler seine eigene Kappe herausgreift.

Die Wahrscheinlichkeit, dass einer von n Spielern seine eigene Kappe herausgreifen wird, ist folglich $d/n!$, wobei d die Anzahl der Derangements ist.

Um den Wert von d zu ermitteln, setze P für die Menge aller Permutationen und D für die Menge der Derangements (bei n Elementen).

P kann ausgedrückt werden als die Vereinigung von D und Teilmengen F_i, $i = 1,2, ..., n$, von P, wobei F_i die Menge der Permutationen s ist, bei welchen i unverändert bleibt, sodass $s(i) = i$. Als Formel:

$$P = D \cup \bigcup_{i=1}^{n} F_i$$

Aus der Gleichung oben folgt, dass $n! = d + f$, wobei f die Anzahl der Permutationen in der Vereinigung von F_i ist.

Die Gesamtheit $F_1, F_2, \ldots, F_n$ der Teilmengen von P hat die folgende Eigenschaft:

Die Anzahl der Elemente in der Schnittmenge von jeder Teilmenge k in der Gesamtmenge hängt ausschließlich von k ab, und es gilt $(n - k)!$

Wendet man das sogenannte Prinzip von Inklusion und Exklusion auf F_i an, erhält man die Gleichung

$$f = \sum_{k=1}^{n} (-1)^{k-1} \binom{n}{k} (n-k)!$$

So kommt man schließlich leicht auf

$d/n! = 1/2! - 1/3! + 1/4! - 1/5 + \ldots \pm 1/n!$

was die gesuchte Wahrscheinlichkeit ergibt.

Für $n = 12$ ist die Wahrscheinlichkeit nährungsweise 0,3679.

Der Grenzwert von $d/n!$ ist, wenn n gegen unendlich geht, die Summe der Reihenentwicklung von e^x für $x = -1$, oder $1/e$.

Anhang 2

Unendlich viele Primzahlen

Galway war auf Euklids Beweis gestoßen, dass es unendlich viele Primzahlen gibt. Hier eine kurze Einführung in Primzahlen, gefolgt von dem Beweis.

Manche positiven ganzen Zahlen lassen sich als Produkt zweier kleinerer ganzer Zahlen schreiben: 28 (= 4 x 7) und 315 (= 9 x 35) sind Beispiele für solche Zahlen. Zahlen, die nicht auf diese Weise aufgelöst werden können, heißen Primzahlen. Anders ausgedrückt: Eine positive ganze Zahl $p > 1$ ist eine Primzahl, wenn ihre einzigen (positiven) Teiler sie selbst und 1 sind, sodass sie nur auf die triviale Weise $p = 1 \times p$ zerlegt werden kann. Primzahlen sind die „Bausteine", aus welchen alle Zahlen gebildet werden können, in dem Sinn, dass jede positive ganze Zahl größer 1 ein Produkt von Primzahlen ist (oder sie ist selbst eine Primzahl) – und deshalb durch eine Primzahl teilbar ist. So ist zum Beispiel 4095 = 3 x 3 x 5 x 7 x 13, das heißt, 4095 ist teilbar durch die Primzahlen 3, 5, 7 und 13.

Die zehn ersten Primzahlen sind 2, 3, 5, 7, 11, 13, 17, 19, 23 und 29. Ist die Liste der Primzahlen begrenzt oder geht sie immer weiter? Mit anderen Worten, ist die Anzahl aller Primzahlen endlich oder unendlich? Euklid hat diese Fragen in den *Elementen* beantwortet. Er formulierte das Theorem, dass es unendlich viele Primzahlen gibt, ohne den Begriff „unendlich“ zu benutzen: „Es gibt mehr Primzahlen als jede vorgelegte Anzahl von Primzahlen“ (Buch IX, Proposition 20). Sein Beweis ist kurz und erfreulich einfach. Hier ist er, im Wesentlichen unverändert, in moderner Schreibweise:

Man betrachte die Aufzählung der Primzahlen bis zu einer bestimmten Primzahl *P*. Multipliziert man alle Zahlen der Auflistung miteinander und addiert zum Ergebnis 1, erhält man eine Zahl $N = (2 \times 3 \times 5 \times \ldots \times P) + 1$, die größer ist als alle Zahlen der Auflistung. Nun ist *N* eine Primzahl oder sie ist es nicht. Ist *N* eine Primzahl, dann endet die Liste der Primzahlen nicht bei *P*. Ist andererseits *N* keine Primzahl, dann ist sie durch eine Primzahl, zum Beispiel *H*, teilbar. *H* muss sich jedoch von allen Primzahlen der Liste unterscheiden, denn keine von diesen teilt *N* (der Rest einer solchen Division ist immer 1). Man ist also in beiden Fällen auf eine Primzahl gekommen, die nicht auf der Liste ist; die Folge der Primzahlen endet also niemals – anders gesagt, es gibt unendlich viele Primzahlen.

Im September 2006 hat man mithilfe eines Computerprogramms errechnet, dass die Zahl $2^{32\,582\,657} - 1$ eine Primzahl ist, und das war damals die größte bekannte Primzahl. Es ist eine extrem große Zahl, ausgeschrieben wäre sie fast 20 Kilometer lang. Ohne die Hilfe eines Computers wusste Euklid schon vor rund 2300 Jahren, dass solche großen Primzahlen – und sogar noch größere – existieren: Er hatte es *bewiesen*. So machtvoll sind mathematische Beweise.

Anhang 3
Zufallsfolgen

Im Jahr 1919 schlug der österreichische Mathematiker Richard von Mises die folgende Definition vor: Eine unendliche Sequenz *s* von zum Beispiel Nullen und Einsen ist *zufällig*, wenn

(a) *s* das *Gesetz der großen Zahlen* erfüllt, welches besagt, dass es ‚so viele Nullen gibt, wie es Einsen gibt', oder genauer, der Grenzwert von x/n ist 0,5, wobei x die Anzahl von Nullen in den ersten n Termen der Sequenz ist, und

(b) jede Teilsequenz, die aus *s* durch erlaubte Umformungen gebildet werden kann, ebenfalls das Gesetz der großen Zahlen erfüllt.

Die Anwendung der von Mises'schen Definition auf die Folge 0 1 0 1 0 1 0 1 ... von alternierenden Nullen und Einsen würde bestätigen, dass die Sequenz nicht zufällig ist, denn die Teilsequenz der geraden Bits (das zweite, vierte etc.), also 1 1 1 1 1 1 ..., erfüllt eindeutig nicht die Bedingung (a). Ähnlich erfüllen viele andere Sequenzen, die auf den ersten Blick zufällig erscheinen, nicht von Mises' Bedingungen, und folglich sind sie auch formal gesehen nicht zufällig.

Leider fehlte in der von dem österreichischen Mathematiker vorgeschlagenen Definition etwas Entscheidendes: Sie spezifizierte nicht, welche Mittel zur Gewinnung einer

Teilsequenz „erlaubte" Mittel oder Umformungen sind. Um diesem Mangel abzuhelfen, schlug der amerikanische Mathematiker Alonzo Church 1940 vor, dass Bedingung (b) der von Mises'schen Definition nur auf *berechenbare* Teilfolgen, also auf solche Teilsequenzen angewendet werden sollte, die durch ein Computerprogramm bestimmt werden können. Obwohl Churchs Idee den Vorzug hatte, die Definition zu präzisieren, wurden danach Sequenzen gefunden, die intuitiv nichtzufällig waren, aber dennoch der von Mises-Church'schen Auffassung von „Zufälligkeit" entsprachen. Auch die modifizierte Definition war folglich zu wenig präzise, und das Prinzip einer binären Zufallsfolge konnte nicht vollständig erfasst werden.

Anhang 4

Ein einfacher Beweis des Pythagoreischen Lehrsatzes

Die Fläche eines Quadrats der Seitenlänge $a + b$ ist $(a + b)^2$ oder $a^2 + b^2 + 2ab$ (I).

Unterteilt man das Innere des Quadrats in ein Quadrat der Seitenlänge c und vier rechtwinklige Dreiecke mit den Seiten a und b, wie unten dargestellt, dann entspricht die Fläche des großen Quadrats der Summe der Flächen dieser fünf geometrischen Figuren, also $c^2 + 4(ab/2)$ oder $c^2 + 2ab$ (II).

Da die beiden Ausdrücke (I) und (II) die gleiche Fläche darstellen, haben wir

$$a^2 + b^2 + 2ab = c^2 + 2ab, \text{ was bedeutet}$$
$$a^2 + b^2 = c^2$$

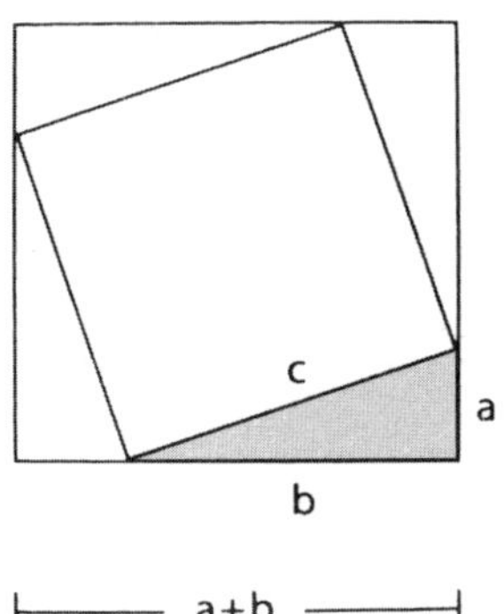

Anhang 5
Vollkommene und figurierte Zahlen

Vollkommene Zahlen

Eine Klassifizierung von Zahlen, die den Pythagoreern zugeschrieben wird, schließt das Gleichsetzen einer Zahl mit der Summe ihrer Teiler ein – schließt also die Zahl selbst aus. Wenn diese Summe kleiner als die Zahl ist, wird Letztere *defizient* genannt; ist die Summe größer, ist die Zahl *abundant*. Zum Beispiel ist 15 defizient, da $1 + 3 + 5 < 15$, und 24 ist abundant ($24 < 1 + 2 + 3 + 4 + 6 + 8 + 12$). Eine Zahl ist *vollkommen*, wenn sie weder defizient noch abundant ist, oder anders ausgedrückt, wenn sie gleich der Summe ihrer eigenen Teiler ist. Beispiele für vollkommene Zahlen sind 6 ($= 1 + 2 + 3$) und 28 ($= 1 + 2 + 4 + 7 + 14$).

In der letzten Proposition von Buch IX seiner *Elemente* gibt Euklid eine Anleitung zum Bilden vollkommener Zahlen: Wenn $2^n - 1$ eine Primzahl ist, dann ist das Produkt $2^{n-1} (2^n - 1)$ eine vollkommene Zahl. Die zwei oben angeführten Beispiele vollkommener Zahlen entstanden aus Euklids Formel durch Einsetzen von $n = 2$ beziehungsweise $n = 3$. Die beiden nächsten vollkommenen Zahlen sind 496 (für $n = 5$) und 8128 ($n = 7$).

Wer nun den Eindruck gewonnen hat, dass sich mit Euklids Formel bequem eine große Menge vollkommener Zahlen finden lässt, der beachte: Alle vollkommenen Zahlen, welche den Griechen jemals bekannt waren, sind die oben genannten vier, und erst im fünfzehnten Jahrhundert wurde der Liste eine weitere hinzugefügt (2^{12} $(2^{13}–1)$). Bis heute kennt man erst rund vierzig vollkommene Zahlen, und in ihrer faszinierenden Theorie stecken immer noch viele einfache, aber unbeantwortete Fragen, wie: Gibt es eine ungerade vollkommene Zahl? Gibt es unendlich viele vollkommene Zahlen?

Dreieckszahlen

Bei den Pythagoreern war es übliche Praxis, Zahlen mittels geometrisch angeordneter Punkte oder Kieselsteine darzustellen. Die einfachste Form sind die *Dreieckszahlen.*

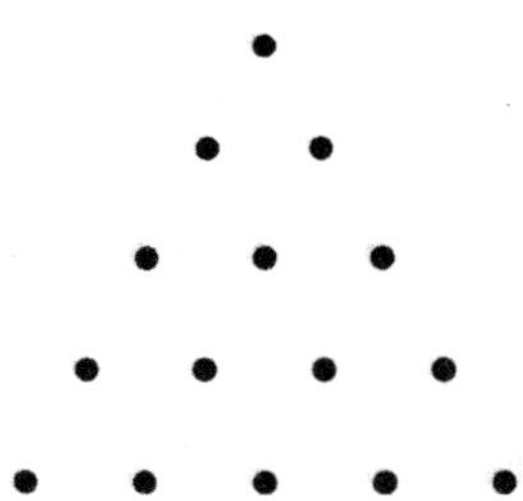

Die Dreieckszahl 15

Pythagoras wird die Entdeckung zugeschrieben, dass man Dreieckszahlen durch aufeinanderfolgendes Addieren von natürlichen Zahlen (beginnend mit 1) erhält: $1 + 2 + 3 + ... + n$. Zum Beispiel bringt $1 + 2 + 3 + 4 + 5$ die Dreieckszahl 15 hervor, dargestellt als ein aus 15 Punkten bestehendes Dreieck mit der Seitenlänge fünf, wie in der Abbildung oben gezeigt.

Quadratzahlen

Diese erhält man, wenn *n* ungerade natürliche Zahlen aufeinanderfolgend addiert werden:
$1 + 3 + 5 + 7 + \ldots + (2n{-}1)$.

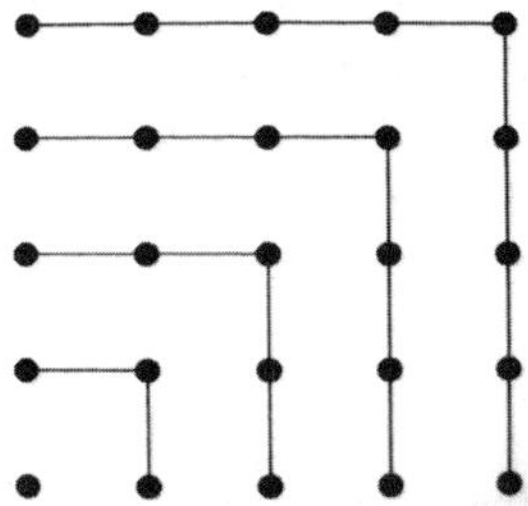

Die Quadratzahl 25

Dass die oben angeführte Summe immer eine Quadratzahl hervorbringt, lässt sich sowohl geometrisch (wie die Abbildung verdeutlicht, in der jede weitere ungerade Zahl, dargestellt in der Form eines „L", die Seite des Quadrats um eins vergrößert) als auch algebraisch zeigen, nämlich anhand der Gleichung

$$1 + 3 + 5 + \ldots + (2n - 1) = n^2$$

Anmerkungen, Nachweise und bibliographische Quellen

Hauptquelle zu Pythagoras und den Pythagoreern:

The Pythagorean Sourcebook and Library, zusammengestellt und übersetzt von Kenneth Sylvan Guthrie. Grand Rapids, MI: Phanes Press, 1987.

Weitere Quellen:

W. K. C. Guthrie, *A History of Greek Philosophy, Vol. 1, The Earlier Presocratics and the Pythagoreans*. Cambridge: Cambrigde University Press, 1962.

Charles H. Kahn, *Pythagoras and the Pythagoreans: A Brief History*. Indianapolis, IN: Hackett Publishing, 2001.

Kapitel 1

Quellen zur Geschichte des Fünfzehn-Puzzles:

Y. I. Perelman, *Fun with Math and Physics*. Moskau: Mir Publishers, 1988.

Kapitel 2

Illustration (griechische Münze): Mit freundlicher Genehmigung der Philosophical Research Society.

Kapitel 4

Das Buch von Giovanni Belzoni wurde in London von John Murray herausgegeben.

Kapitel 8

Zitat aus George Johnston Allman, *Greek Geometry from Thales to Euclid.* Dublin: Hodges, Figgis & Co., 1889.

Der Beweis der Inkommensurabilität der Diagonalen basiert auf einer Herleitung in Lucio Russo, *La Rivoluzione Dimenticata.* Mailand: Feltrinelli, 1996, S. 53.

Kapitel 10

Darstellung der Mängel von Zufallszahlengeneratoren nach:

Allen M. Ferrenberg, David P. Landau, and Y. Joanna Wong, „Monte Carlo Simulations: Hidden Errors from ‚Good' Random Number Generators", *Physical Review Letters* 69, Nr.. 23, Dezember 7, 1992, S. 3382–3384.

William Brown, „Gambling on the Wrong Numbers from Monte Carlo." *New Scientist* 24, April 1993, S. 16.

Kapitel 11

Die Darstellung von Thorps bahnbrechendem Ergebnis und seiner Folgen basiert auf:

Gregory Chaitin, „A Random Walk in Arithmetic." *New Scientist* 24, März 1990.

C. S. Calude and G. J. Chaitin, „Randomness Everywhere." *Nature* 400, Juli 22, 1999, S. 319–320.

Für Details zum Thema Zufall und Mathematik siehe Chaitins zuletzt erschienene Bücher:

Meta Math!: The Quest for Omega. New York: Pantheon, 2005.

Thinking about Gödel and Turing: Essays on Complexity, 1970–2007, Singapur: World Scientific, 2007.

Kapitel 13

Zitat aus K. S. Guthrie, *The Pythagorean Sourcebook and Library*, 1987, S. 117.

Kapitel 14

Die Auszüge aus dem „Lied des Hindu" auf S. 141 stammen aus *Return of the Aryans* von Bhagwan S. Gidwani und wurden mit freundlicher Genehmigung des Verlags (Penguin Books India) und des Autors verwendet.

Kapitel 16

Die Auszüge aus dem Buch über die Anfänge der Mathematik bei den Griechen sind (geringfügig veränderte) Zitate aus Árpád Szabó, *The Beginnings of Greek Mathematics.* Dordrecht, Holland/Boston, MA: D. Reidel Publishing, 1978, S. 186–191.

Kapitel 17

Die Darstellung der Illustration aus dem mittelalterlichen Buch ist entnommen aus Jerôme Carcopino, *De Pythagore aux apôtre : études sur la conversion du monde romain.* Paris: Flammarion, 1956, S. 116; mit freundlicher Genehmigung des Verlags.

Kapitel 19

Passagen aus Homer zitiert nach *Homer: The Odyssey*. Worlds Classics, Oxford und New York: Oxford University Press, 1980, S. 101

Kapitel 20

Beschreibung der neupythagoreischen Basilika nach:

George H. Chase, „Archeology in 1917." *The Classical Journal* 14, Nr.. 4 (Januar 1919), S. 250–251.

Printing: Ten Brink, Meppel, The Netherlands
Binding: Stürtz, Würzburg, Germany